全国机械行业职业教育优质规划教材（高职高专）

经全国机械职业教育教学指导委员会审定

高等职业教育示范专业系列教材　　数控技术专业

国家示范建设院校课程改革成果

数控铣削

编程与加工

主　编　陶维利

副主编　郑丽萍

参　编　李洪涛

主　审　陈少艾

机械工业出版社

本书是全国机械行业职业教育优质规划教材，经全国机械职业教育教学指导委员会审定。

本书以国家职业标准所规定的中、高级数控铣工考核要求为基本依据，以 FANUC 0i 系列数控系统为基本教学环境，主要讲授数控铣削类零件的加工工艺、手工编程及自动编程。

本书分为三个模块，共十四个项目，介绍了数控铣削工艺基础，数控铣床及加工中心编程基础，数控铣削加工基础训练，数控铣工中级工、高级工考试及数控技能大赛专项训练，以及 SIEMENS NX7.0 的自动编程等内容。本书电子资源内含 FANUC、SIEMENS、华中数控和广州数控常用数控系统的操作说明书，本书所有例题的数控程序及仿真项目，与本书有关的国家标准和职业标准，以及大量习题、视频和文档资讯。凡使用本书作为教材的教师可登录机械工业出版社教材服务网 www.cmpedu.com 注册后下载本书电子资源。咨询邮箱：cmpgaozhi@sina.com。咨询电话：010-88379375。

本书可作为高职高专数控技术专业的教学用书，也可作为相关工程技术人员的参考用书。

图书在版编目（CIP）数据

数控铣削编程与加工/陶维利主编. —北京：机械工业出版社，2010.9（2021.1 重印）

高等职业教育示范专业系列教材. 数控技术专业. 国家示范建设院校课程改革成果

ISBN 978-7-111-30859-1

Ⅰ.①数… Ⅱ.①陶… Ⅲ.①数控机床：铣床—程序设计—高等学校：技术学校—教材②数控机床：铣床—金属切削—加工—高等学校：技术学校—教材 Ⅳ.①TG547

中国版本图书馆 CIP 数据核字（2010）第 176186 号

机械工业出版社(北京市百万庄大街22号　邮政编码100037)
策划编辑：郑 丹　责任编辑：刘良超
版式设计：霍永明　责任校对：陈延翔
封面设计：鞠 杨　责任印制：常天培
北京捷迅佳彩印刷有限公司印刷
2021 年 1 月第 1 版第 5 次印刷
184mm×260mm·14.5 印张·356 千字
9401—10400 册
标准书号：ISBN 978-7-111-30859-1
定价：44.90 元

电话服务　　　　　　　　　网络服务
客服电话：010-88361066　　机 工 官 网：www.cmpbook.com
　　　　　010-88379833　　机 工 官 博：weibo.com/cmp1952
　　　　　010-68326294　　金 书 网：www.golden-book.com
封底无防伪标均为盗版　　机工教育服务网：www.cmpedu.com

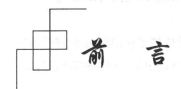

前 言

《国务院关于大力推进职业教育改革与发展的决定》中提出："职业教育要坚持以就业为导向，深化职业教育教学改革"。目前，我国产业结构调整、生产技术进步和社会经济的快速发展，为职业教育事业发展提供了巨大的推动力和广袤的空间，同时也对职业教育教学改革提出了新的要求和挑战。适应职业教育改革和发展方向的课程改革势在必行。

"数控铣削编程与加工"是一门实用性很强的专业课程，为了编写一本基于工作过程的教材，实现学生毕业与上岗零过渡，我们调查了许多企业的工程技术人员以及高职高专院校的毕业生，了解企业的需求，反复论证课程改革方案，最终完成了本书的编写。

本书具有以下特点：

1. 指导思想：以就业为导向，以基于工作过程为目标，以国家职业标准中、高级数控铣工考核要求为基本依据。

2. 教学结构：从高职高专院校学生的基础能力出发，遵循专业理论的学习规律和技能的形成规律，根据数控铣削加工元素的特征以及人的认知规律划分教学模块，按照由简到难、由一般到特殊、再由特殊到一般的原则设计一系列项目，使加工工艺与编程紧密结合，课堂教学与生产实际紧密结合，教、学、做紧密结合。

3. 教学内容：以目前在企业中广为使用的 FANUC 0i 系列数控系统为基本教学环境。在具体教学内容编排上，并没有为讲指令而讲指令，而是结合具体零件来讲指令，强调指令的应用场合，如在平面加工中讲 G00、G01 指令，在分层加工中介绍子程序，在非圆曲线轮廓加工中介绍宏程序等。在每一个项目的教学安排上都力争做到教师主导、学生主体，力争实现教、学、做一体化。另外，在本书电子资源中还介绍了 SIEMENS、华中数控、广州数控等数控系统的基本指令。

4. 教学形式：以【预期学习成果】为目标，以课堂教学、计算机模拟仿真、实际操作相结合的形式来组织教学。

5. 其他：本书的电子资源含有书中所有例题的数控程序及仿真项目，有关的国家标准和职业标准，以及大量的习题、视频和文档资讯，可供学生巩固教学成果、拓展知识面和提高应用水平。

本书由武汉船舶职业技术学院陶维利任主编，郑丽萍任副主编。陶维利负责编写模块一和模块二，郑丽萍负责编写模块三，李洪涛负责全书所有程序的调试和仿真加工。本书由武汉船舶职业技术学院陈少艾审阅。

　　职业教育课程改革教材的编写是一项全新的工作，由于没有成熟的经验可以借鉴，尽管我们尽心竭力，但是疏漏之处仍在所难免，敬请读者批评指正。

　　本书配有电子课件等资源，凡使用本书作为教材的教师可登录机械工业出版社教材服务网www. cmpedu. com 注册后下载。咨询邮箱：cmpgaozhi@ sina. com。咨询电话：010-88379375。

编　者

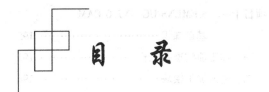

目 录

模块一 数控铣削加工工艺设计

【内容提要】

本模块介绍的是数控铣削加工工艺设计相关的基本知识，主要内容如下：

1. 数控铣削加工设备的认知。
2. 如何安排加工工序。
3. 如何选择加工刀具和夹具。
4. 如何设计进给路线。
5. 如何选择切削用量。
6. 如何编制数控加工工艺文件。
7. 平面、轮廓、孔槽等典型铣削形状和零件的工艺设计。

【预期学习成果】

通过本模块各项目的学习，学生应能对中等复杂程度的数控铣削类零件设计出合理的数控加工工艺，具体成果如下：

1. 能根据加工零件的特点选择合适的加工设备。
2. 能选择合适的刀具、夹具加工零件。
3. 能选择合适的切削用量加工零件。
4. 能设计合理的进给路线。
5. 会编制数控加工工艺文件。

项目一 数控铣床和加工中心的认知

【预期学习成果】

1. 了解数控铣床的分类。
2. 能根据加工零件的特点选择合适的加工设备。

一、数控铣床和加工中心的分类

（一）数控铣床的用途及特点

数控铣床是一种用途广泛的机床。一般的数控铣床是指规格较小的升降台式数控铣床，其工作台宽度多在400mm以下。规格较大的数控铣床（如工作台宽度在500mm以上的），其功能已向加工中心靠近。数控铣床多为三坐标、两轴联动的机床，其控制方式也称两轴半控制，即在 X、Y、Z 三个坐标轴中，任意两轴都可以联动。一般情况下，在数控铣床上只能加工平面曲线的轮廓。对于有特殊要求的数控铣床，还可以增加一个回转的 A 坐标或 C 坐标，即增加一个数控分度头或数控回转工作台，这时机床的数控系统为四坐标数控系统，可用来加工螺旋槽、叶片等立体曲面零件。

与普通铣床相比，数控铣床的加工精度高，加工质量稳定可靠，对零件加工的适应性强、灵活性好，生产自动化程度高，操作劳动强度低，生产效率高，能加工一次装夹定位后需进行多个工步及工序加工的零件，特别适于加工复杂形状的零件或精度要求较高的中小批量零件。

（二）数控铣床的分类

数控铣床通常按其主轴位置的不同分为以下三类：

1. 立式数控铣床

立式数控铣床主轴轴线垂直于水平面，是数控铣床中数量最多的一种，应用范围也最为广泛，如图1-1a所示。小型立式数控铣床一般采用工作台纵向、横向及垂向运动，主轴箱不动的方式；中型立式数控铣床一般采用工作台纵向、横向运动，主轴箱垂向升降运动的方式；大型立式数控铣床因要考虑扩大行程、缩小占地面积及刚性等技术问题，一般采用对称双立柱结构，通常把这种数控铣床称为龙门数控铣床，其主轴可以在龙门架上实现横向与垂向运动，而纵向则由工作台移动或龙门架移动来实现。

2. 卧式数控铣床

卧式数控铣床主轴轴线平行于水平面，如图1-1b所示。为扩大加工范围和扩充功能，卧式数控铣床通常采用增加数控转盘或万能数控转盘来实现四至五坐标联动加工，不但可以加工工件侧面的连续回转轮廓，而且可以在一次装夹中，通过转盘改变工位，进行"四面加工"。尤其是万能数控转盘，可以把工件上各种不同空间角度的加工面摆成水平来加工，从而避免使用专用夹具或专用角度成形铣刀。对箱体类零件或需要在一次装夹中改变工位的工件来说，选择带数控转盘的卧式数控铣床进行加工是非常合适的。

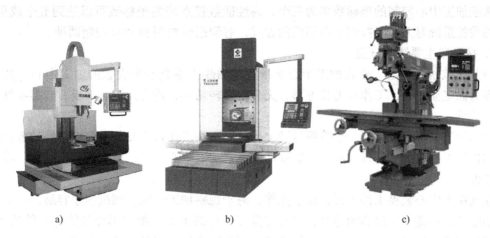

图 1-1　数控铣床
a）立式数控铣床　b）卧式数控铣床　c）立卧两用数控铣床

3．立卧两用数控铣床

　　立卧两用数控铣床的主轴方向可以变换，在一台铣床上既可以进行立式加工，又可以进行卧式加工，如图 1-1c 所示。立卧两用数控铣床使用范围更广，功能更全，给用户带来了更多方便。

　　立卧两用数控铣床增加数控转盘后，就可以实现对工件的"五面加工"，即除了工件的定位面以外，其他面都可以在一次装夹中进行加工。因此，其加工性能非常优越。

（三）加工中心的特点

　　加工中心是带有刀库和自动换刀装置的数控机床。加工中心的加工范围广，柔性程度高、加工精度和加工效率高，目前已成为现代机床发展的主流方向。与普通数控机床相比，它具有以下几个突出特点：

　　1）加工中心具有刀库和自动换刀装置，在加工过程中能够由程序或手动控制选择和更换刀具，工件在一次装夹中，可以连续进行钻孔、扩孔、铰孔、镗孔、铣削以及攻螺纹等多工序加工，工序高度集中。

　　2）加工中心带有自动摆角的主轴，工件在一次装夹后，可以自动完成多个平面和多个角度位置的多工序加工，实现复杂零件的高精度定位和精确加工。

　　3）加工中心上如果带有自动交换工作台，一个工件在工作位置的工作台上进行加工的同时，另一个工件在装卸位置的工作台上进行装卸，可大大缩短辅助时间，提高加工效率。

（四）加工中心的分类

1．按加工方式分类

　　（1）车削中心　车削中心是以全功能型数控车床为主体，配备刀库、自动换刀装置、分度装置、铣削动力头等部件，实现多工序复合加工的机床。在车削中心上，工件在一次装夹后，可以完成回转类零件的车、铣、钻、铰、螺纹加工等多种加工工序的加工。车削中心功能全面，加工质量和速度都很高，但价格也较高。

　　（2）铣削加工中心　通常所说的加工中心就是指铣削加工中心。铣削加工中心是机械加工行业应用最多的一类数控设备，有立式和卧式两种。其工艺范围主要是铣削、钻削、镗削。铣削加工中心控制的坐标数多为三个，高性能数控系统的坐标数可以达到五个或更多。不同的数控系统对刀库的控制采取不同的方式，有伺服轴控制和 PLC 控制两种。

2. 按机床主要结构分类

（1）立式加工中心　立式加工中心是指主轴轴线为垂直状态设置的加工中心，其结构形式多为固定立柱式，工作台为长方形，无分度回转功能，适合加工盘、板、套类零件，如图 1-2a 所示。

立式加工中心一般具有三个直线运动坐标，并可在工作台上安装一个水平轴的数控回转台，用以加工螺旋线类零件。对于五轴联动的立式加工中心，可以加工汽轮机叶片、模具等复杂零件。

立式加工中心装夹工件方便，便于操作，易于观察加工情况，调试程序容易，但受立柱高度的限制，不能加工过高的零件，而且刀具在工件的上方，加工部位只能是工件的上部。在加工型腔或下凹的型面时，切屑不易排除，严重时会损坏刀具、破坏已加工表面，影响加工的顺利进行。

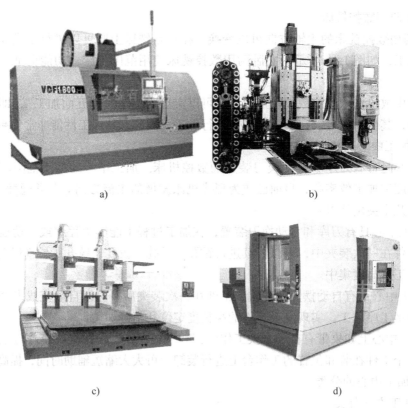

a)　　　　　　　　　　　　　　　b)

c)　　　　　　　　　　　　　　　d)

图 1-2　加工中心

a）立式加工中心　b）卧式加工中心　c）龙门加工中心　d）复合加工中心

（2）卧式加工中心　卧式加工中心是指主轴轴线为水平状态的加工中心，如图 1-2b 所示。卧式加工中心通常都带有可进行分度回转运动的正方形分度工作台，一般都具有三至五个运动坐标，常见的是三个直线运动坐标（沿 X、Y、Z 三个坐标轴方向）和一个回转运动坐标（回转工作台）。卧式加工中心在工件一次装夹后，能完成除安装面和顶面以外的其余四个表面的加工，最适合加工复杂的箱体类零件。

卧式加工中心有多种形式，如固定立柱式或固定工作台式。固定立柱式的卧式加工中心的立柱固定不动，主轴箱沿立柱作上下运动，而工作台可在水平面内作前后、左右移动；固定工作台式的卧式加工中心，安装工件的工作台是固定不动的（不作直线运动），沿三个坐标轴方向的直线运动由主轴箱和立柱的移动来实现。

卧式加工中心调试程序及试切时不易观察，零件装夹和测量不方便，但加工时排屑容易，对加工有利。同立式加工中心相比较，卧式加工中心的刀库容量一般较大，结构复杂，占地面积大，价格也较高。

（3）龙门加工中心　龙门式加工中心形状与龙门铣床相似，主轴多为垂直设置，如图1-2c所示。除自动换刀装置外，还带有可更换的主轴头附件，数控装置的功能也较齐全，能够一机多用，尤其适用于大型或形状复杂工件的加工，如飞机上的梁、框、壁板等。

（4）复合加工中心　复合加工中心既具有立式加工中心的功能，又具有卧式加工中心的功能，工件一次装夹后，能完成除安装面外的所有侧面和顶面共计五个面的加工，又称为立卧式加工中心、万能加工中心或五面体加工中心等，如图1-2d所示。常见的复合加工中心有两种形式，一种是主轴可以旋转90°，作垂直和水平转换，进行立式和卧式加工；另一种是主轴不改变方向，而由工作台带着工件旋转90°，完成对工件五个表面的加工。

在复合加工中心上加工工件，可以使工件的形位误差降到最低，省去了二次装夹的工装，提高了生产效率，降低了加工成本。但是，由于复合加工中心结构复杂、造价高、占地面积大，所以其使用数量远不如其他类型的加工中心。

3. 按换刀形式分类

（1）转塔刀库加工中心　转塔刀库加工中心一般是在小型立式加工中心上采用转塔刀库，直接由转塔刀库旋转完成换刀，一般以孔加工为主。

（2）无机械手的加工中心　无机械手的加工中心的换刀是通过刀库与主轴箱配合动作来完成的。一般是把刀库放在主轴箱可以运动到的位置，或刀库能移动到主轴箱可以到达的位置。刀库中刀具的存放位置方向与主轴装刀方向一致。换刀时，主轴运动到刀库上的换刀位置，由主轴直接取走或放回刀具。此类加工中心多为采用40号以下刀柄的中小型加工中心。

（3）带刀库、机械手的加工中心　这种加工中心的换刀是通过换刀机械手来完成的，是加工中心普遍采用的形式。由于机械手卡爪可同时分别抓住刀库上所选的刀和主轴上的刀，换刀时间短，并且选刀时间与切削加工时间重合，因此得以广泛应用。

二、数控铣床和加工中心的主要加工对象

（一）数控铣床加工的主要对象

数控铣床是机械加工中最常用和最主要的数控加工机床之一，它除了能铣削普通铣床所能铣削的各种零件表面外，还能铣削需要二至五坐标联动的各种平面轮廓和立体轮廓。根据数控铣床的特点，从铣削加工角度考虑，适合数控铣床加工的主要对象有以下几类：

1. 平面类零件

加工面平行或垂直于水平面，或加工面与水平面的夹角为定值的零件为平面类零件，如

图1-3所示。目前，在数控铣床上加工的大多数零件都属于平面类零件，其特点是各个加工面是平面，或可以展开成平面。如图1-3中曲线轮廓面 M 和正圆台面 N，展开后均为平面。

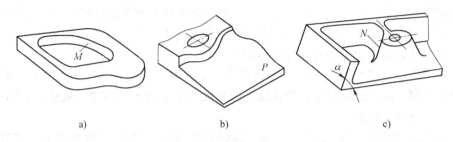

图1-3　平面类零件
a）带平面轮廓的平面零件　b）带斜平面的平面零件　c）带正圆台和斜肋的平面零件

平面类零件是数控铣削加工中最简单的一类零件，一般只需用三坐标数控铣床的两坐标联动（即两轴半坐标联动）就可以把它们加工出来。

2. 变斜角类零件

加工面与水平面的夹角呈连续变化的零件为变斜角类零件，这类零件多为飞机零件。变斜角类零件的变斜角加工面不能展开为平面，但在加工中，加工面与铣刀圆周的瞬时接触为一条线。最好采用四坐标、五坐标数控铣床摆角加工，若没有上述机床，也可采用三坐标数控铣床进行两轴半近似加工。

3. 曲面类零件

加工面为空间曲面的零件称为曲面类零件，如模具、叶片、螺旋桨等。曲面类零件不能展开为平面。加工时，铣刀与加工面始终为点接触，一般采用球头刀在三坐标数控铣床上加工。当曲面较复杂、通道较狭窄会伤及相邻表面或者需要刀具摆动时，需采用四坐标或五坐标铣床加工。

（二）加工中心加工的主要对象

针对加工中心的工艺特点，加工中心适宜加工形状复杂、加工内容多、精度要求较高、需用多种类型的普通机床和众多工艺装备，且需经多次装夹和调整才能完成加工的零件。主要的加工对象有下列几种：

1. 既有平面又有孔系的零件

加工中心具有自动换刀装置，在一次装夹中，可以连续完成零件上平面的铣削，孔系的钻削、铰削、镗削、铣削及攻螺纹等多工步的加工。加工的部位可以在一个平面上，也可以在不同的平面上。五面体加工中心一次装夹可以完成除安装面外的所有侧面和顶面共计五个面的加工。因此，既有平面又有孔系的零件是加工中心的首选加工对象，这类零件常见的有箱体类零件和盘、套、板类零件。

（1）箱体类零件　箱体类零件是指具有一个以上孔系，内部有一定型腔，在长、宽、高方向有一定比例的零件。箱体类零件很多，如图1-4所示，一般都需进行孔系、轮廓、平面的多工位加工，精度要求较高，特别是形状精度和位置精度要求较严格，通常要经过铣、钻、扩、铰、镗、锪及攻螺纹等工步，使用的刀具、工装较多，在普通机床上需多次装夹、找正，测量次数多，因此，箱体类零件工艺复杂、加工周期长、成本高、精度不易保证。这类零件在加工中心上加工，一次安装可以完成 60% ～95% 的工序内容，零件各项精度一致性好，质量稳定，生产周期短，成本低。

对于加工工位较多，工作台需多次旋转才能完成加工的零件，一般选用卧式加工中心；当零件加工工位较少，且跨距不大时，可选用立式加工中心，从一端进行加工。

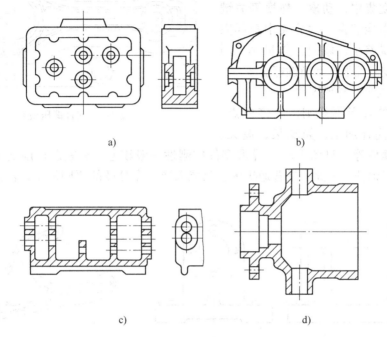

a)   b)

c)   d)

图 1-4　几种常见箱体类零件简图
a) 组合机床主轴箱　b) 分离式减速箱　c) 车床进给箱　d) 泵壳

（2）盘、套、板类零件　这类零件带有键槽，端面上有平面、曲面和孔系，径向也常分布一些径向孔，盘、套、板类典型零件如图 1-5 所示。加工部位集中在单一端面上的盘、套、板类零件宜选择立式加工中心，加工部位位于不同方向表面的零件宜选择卧式加工中心。

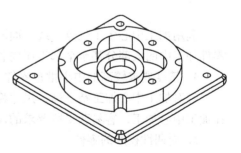

图 1-5　盘、套、板类典型零件

2. 结构形状复杂、普通机床难以加工的零件

（1）凸轮类　凸轮类零件包括各种曲线的盘形凸轮、圆柱凸轮、圆锥凸轮和端面凸轮等，加工时，可根据凸轮表面的复杂程度，选用三轴、四轴或五轴联动的加工中心。

（2）整体叶轮类　整体叶轮类零件常见于航空发动机的压气机、空气压缩机、船舶水下推进器等。此类零件的加工除具有一般曲面加工的特点外，还存在许多特殊的加工难点，如通道狭窄，刀具很容易与加工表面和邻近曲面发生干涉。图 1-6 所示为轴向压缩

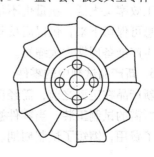

图 1-6　轴向压缩机涡轮

机涡轮，其叶面是一个典型的三维空间曲面，可采用四轴以上联动的加工中心加工。

（3）模具类   常见的模具有锻压模具、铸造模具、注塑模具及橡胶模具等。图1-7所示为连杆锻压模具。采用加工中心加工模具，工序高度集中，动模、静模等关键件的精加工基本能够在一次装夹中全部完成，尺寸累积误差小，修配工作量小。同时，模具的可复制性强，互换性好。

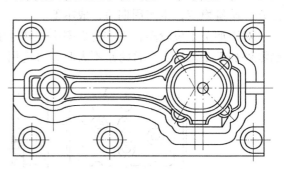

图1-7   连杆锻压模具

3. 外形不规则的异形零件

异形零件的外形不规则，大多要点、线、面多工位混合加工，如支架、拨叉、基座、样板、靠模等（见图1-8）。异形零件的刚性一般较差，夹紧及切削变形难以控制，加工精度也难以保证，因此，在普通机床上只能采取工序分散的原则加工，需用工装较多，加工周期较长。

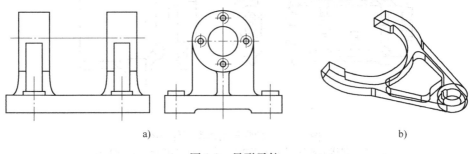

a)   b)

图1-8   异形零件
a）支架   b）拨叉

利用加工中心多工位点、线、面混合加工的特点，通过一次或两次装夹，即可完成异形零件加工中的大部分甚至全部工序内容。

4. 精度要求较高的中小批量零件

针对加工中心加工精度高、尺寸稳定的特点，对加工精度要求较高的中小批量零件，选择加工中心加工，容易获得所要求的尺寸精度和形状位置精度，并可得到很好的互换性。

5. 周期性投产的零件

某些产品的市场需求具有周期性和季节性，如果采用专门生产线会得不偿失，用普通设备加工效率又太低，质量也不稳定。若采用加工中心加工，首件试切完成后，程序和相关生产信息可保留下来，供以后反复使用，产品下次再投产时只要很少的准备时间就可以开始生产，生产准备周期大大缩短。

6. 新产品试制中的零件

新产品在定型之前，需经反复试验和改进。选择加工中心试制，可省去许多用通用机床加工所需的试制工装。当零件被修改时，只需修改相应的程序并适当调整夹具、刀具即可，节省了费用，缩短了试制周期。

项目二 数控铣削和加工中心加工工艺设计

【预期学习成果】

1. 能根据被加工零件的特点选择合适的铣削方式（周铣和面铣、顺铣和逆铣）。
2. 能合理划分加工工序和加工阶段。
3. 能确定合理的加工路线。
4. 能选择合适的切削用量。
5. 会用合适的夹具装夹工件。
6. 会选择合适的刀具加工零件。
7. 会编制数控加工工艺文件。

一、加工方法的选择

（一）铣削加工的特点和方式

1. 铣削加工的特点

铣削是铣刀旋转作主运动，工件或铣刀作进给运动的切削加工方法。数控铣削是一种应用非常广泛的数控切削加工方法，能完成数控铣削加工的设备主要是数控铣床和加工中心。

与数控车削比较，数控铣削有如下特点：

1）多刃切削：铣刀同时有多个刀齿参加切削，生产效率高。

2）断续切削：铣削时刀齿依次切入和切出工件，易引起周期性的冲击振动。

3）半封闭切削：铣削的刀齿多，每个刀齿的容屑空间小，呈半封闭状态，容屑和排屑条件差。

另外，铣削加工时，还存在周铣与面铣、顺铣与逆铣等加工方式的选择。

2. 周铣与面铣

铣刀对平面的加工，有周铣与面铣两种方式，如图1-9所示。周铣平面时，平面度主要取决于铣刀的圆柱素线的直线度。因此，在精铣平面时，铣刀的圆柱度一定要高。用面铣的

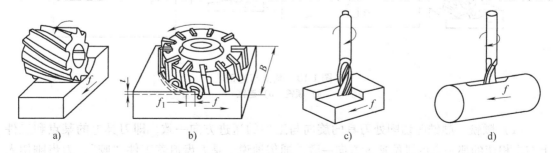

图 1-9 周铣与面铣

a）圆柱形铣刀的周铣 b）面铣刀的面铣 c）立铣刀同时周铣、面铣 d）键槽铣刀的周铣、面铣

方法铣出的平面，其平面度主要取决于铣床主轴轴线与进给方向的垂直度。同样是平面加工，方法不同，影响质量的因素也不同。因此，有必要对周铣与面铣进行比较。

1）面铣用的面铣刀其装夹刚性较好，铣削时振动较小。而周铣用的圆柱铣刀刀杆较长、直径较小、刚性较差，容易产生弯曲变形和引起振动。

2）面铣时同时工作的刀齿数比周铣时多，工作较平稳。这时因为面铣时刀齿在铣削层宽度的范围内工作。而周铣时刀齿仅在铣削层侧向深度的范围内工作。一般情况下，铣削层宽度比铣削层深度要大得多，所以面铣的面铣刀和工件的接触面较大，同时工作的刀齿数也多，铣削力波动小。而在周铣时，为了减小振动，可选用大螺旋角铣刀来弥补这一缺点。

3）面铣用面铣刀切削，其刀齿的主、副切削刃同时工作，由主切削刃切去大部分余量，副切削刃则可起到修光作用，铣刀齿刃负荷分配也较合理，铣刀使用寿命较长，且加工表面的表面粗糙度值也比较小。而周铣时，只有圆周上的主切削刃在工作，不但无法消除加工表面的残留面积，而且铣刀装夹后的径向圆跳动也会反映到加工工件的表面上。

4）面铣时选用的面铣刀便于镶装硬质合金刀片进行高速铣削和阶梯铣削，生产效率高，铣削表面质量也比较好。而周铣用的圆柱铣刀镶装硬质合金刀片则比较困难。

5）精铣削宽度较大的工件时，周铣用的圆柱铣刀一般都要接刀铣削，工件表面会残留有接刀痕迹。而面铣时，则可用较大的盘形铣刀一次铣出工件的全宽度，工件无接刀痕迹。

6）周铣用的圆柱铣刀可采用较大的刃倾角，以充分发挥刃倾角在铣削过程中的作用，对铣削难加工材料（如不锈钢、耐热合金等）有一定的效果。

综上所述，一般情况下，铣平面时，面铣的生产效率和铣削质量都比周铣高，所以，应尽量采用面铣铣平面。而铣削韧性很大的不锈钢等材料时，可以考虑采用大螺旋角铣刀进行周铣。总之，在选择周铣与面铣这两种铣削方式时，一定要根据当时的铣床和铣刀条件、被铣削加工工件结构特征和质量要求等因素进行综合考虑。

3. 顺铣与逆铣

在周铣时，因为工件与铣刀的相对运动不同，就会有顺铣和逆铣。周铣时的顺铣与逆铣如图1-10所示，二者之间有所差异。顺铣与逆铣的比较如下：

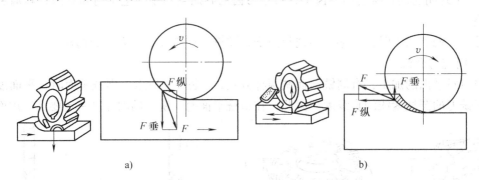

图1-10 顺铣与逆铣
a）顺铣 b）逆铣

（1）顺铣 顺铣时切削处刀具的旋向与工件的送进方向一致，即刀具上的某点和工件上与之相切的那一点的进给速度方向一致。通俗地说，是刀齿追着工件"咬"，刀齿刚切入材料时切得厚，而脱离工件时则切得薄。顺铣时，作用在工件上的垂直铣削力始终是向下的，能起到压住工件的作用，对铣削加工有利，而且垂直铣削力的变化较小，故产生的振动也小，机床受冲击小，有利于减小工件加工表面的表面粗糙度值，从而得到较好的表面质量。同时顺铣也有利于排屑，数控铣削加工一般尽量用顺铣法加工。

（2）逆铣 逆铣时切削处刀具的旋向与工件的送进方向相反，即刀具上的某点和工件上与之相切的那一点在进给速度方向不一致。通俗地说，是刀齿迎着工件"咬"，刀齿刚切入材料时切得薄，而脱离工件时则切得厚。这种方式机床受冲击较大，加工后的表面不如顺铣光洁，消耗在工件进给运动上的动力较大。由于铣刀切削刃在加工表面上要滑动一小段距离，切削刃容易磨损。但对于表面有硬皮的工件毛坯，顺铣时铣刀刀齿一开始就切削到硬皮，切削刃容易损坏，而逆铣时则无此问题。另外，机床进给系统的丝杠螺母之间的间隙较大时，也推荐采用逆铣。

（二）加工方法的选择

数控铣床或加工中心加工的表面主要有平面、平面轮廓、曲面、孔和螺纹等。所选加工方法要与零件的表面特征、所要求达到的精度及表面粗糙度相适应。

1. 平面和平面轮廓加工方法的选择

在数控铣床及加工中心上加工平面和平面轮廓主要采用面铣刀和立铣刀。经粗铣的平面，尺寸精度可达 IT12～IT14（指两平面之间的尺寸），表面粗糙度 Ra 值可达 12.5～25μm；经粗、精铣的平面，尺寸精度可达 IT7～IT9，表面粗糙度 Ra 值可达 1.6～3.2μm。

平面轮廓多由直线、圆弧或其他曲线构成，通常采用三坐标数控铣床进行两轴半坐标加工。图 1-11 所示为由直线和圆弧构成的零件平面轮廓 ABCDEA，采用半径为 R 的立铣刀沿周向加工，细双点画线 A'B'C'D'E'A' 为刀具中心的运动轨迹。为保证加工面光滑，刀具应沿轮廓的切向方向切入、切出，如图 1-11 中沿 PA' 切入，沿 A'K 切出。

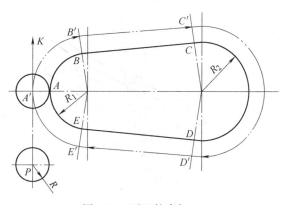

图 1-11 平面轮廓加工

2. 固定斜角平面加工方法的选择

固定斜角平面是与水平面成一固定夹角的斜面。当工件尺寸不大时，可用斜垫板垫平后加工；如果机床主轴可以摆角，则可以将机床主轴摆成适当的角度，用不同的刀具来加工（见图 1-12）。当工件尺寸很大，斜面斜度

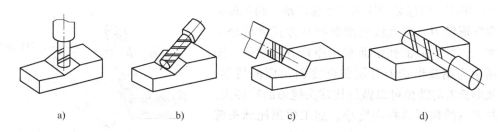

a)   b)   c)   d)

图 1-12 主轴摆角加工固定斜角平面
a）主轴垂直面刃加工 b）主轴摆角后侧刃加工
c）主轴摆角后面刃加工 d）主轴水平侧刃加工

又较小时，常用行切法加工（即刀具与零件轮廓的切点轨迹是一行一行的，行间距离是按零件加工精度要求确定的），但加工后，会在加工面上留下残留面积，需要用钳修方法加以清除，用三坐标数控立式铣床加工飞机整体壁板零件时常用此法。当然，加工斜面的最佳方法是采用五坐标数控铣床，主轴摆角后加工，可以不留残留面积。

对于图 1-3c 所示的正圆台和斜肋表面，一般可用专用的角度成形铣刀加工，其效果比采用五坐标数控铣床摆角加工好。

3. 变斜角面加工方法的选择

1）对曲率变化较小的变斜角面，选用 X、Y、Z 和 A 四坐标联动的数控铣床，采用立铣刀（当零件斜角过大，超过机床主轴摆角范围时，可用角度成形铣刀加以弥补）以圆弧插补方式摆角加工，如图 1-13a 所示。加工时，为保证刀具与零件型面在全长上始终贴合，刀具绕 A 轴摆动角度 α。

2）对曲率变化较大的变斜角面，四坐标联动加工难以满足加工要求，最好用五坐标联动数控铣床，以圆弧插补方式摆角加工，如图 1-13b 所示。夹角 A' 和 B' 分别是零件斜面母线与 Z 坐标轴夹角 α 在 ZOY 平面和 XOZ 平面上的分夹角。

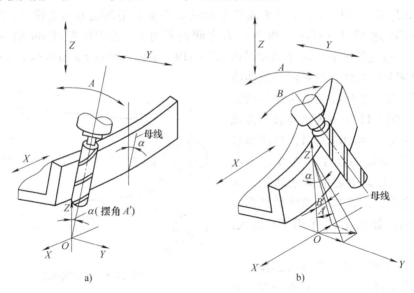

图 1-13　数控铣床加工变斜角面
a）四坐标联动　b）五坐标联动

3）采用三坐标数控铣床两坐标联动，利用球头铣刀和鼓形铣刀，以直线或圆弧插补方式进行分层铣削加工，加工后的残留面积用钳修方法清除。图1-14 所示为用鼓形铣刀分层铣削变斜角面的情形。由于鼓形铣刀的鼓径可以做得比球头铣刀的球径大，所以加工后的残留面积高度小，加工效果比球头铣刀好。

4. 曲面轮廓加工方法的选择

立体曲面的加工应根据曲面形状、刀具形状

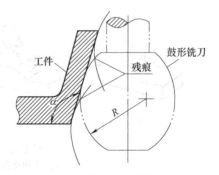

图 1-14　用鼓形铣刀分层铣削变斜角面

（球状、柱状、端齿）以及精度要求采用不同的铣削加工方法，如两轴半、三轴、四轴及五轴等联动加工。

1）对曲率变化不大和精度要求不高的曲面的精加工，常用两轴半坐标行切法加工，即 X、Y、Z 三轴中任意两轴作联动插补，第三轴作单独的周期进给。如图 1-15 所示，在 X 向将工件分成若干段，球头铣刀沿 YOZ 面所截的曲线进行铣削，每一段加工完后进给 Δx，再加工另一相邻曲线，如此依次切削即可加工出整个曲面。在行切法中，要根据轮廓表面粗糙度的要求及刀头不干涉相邻表面的原则选取 Δx。球头铣刀的刀头半径应选得大一些，以利于散热，但刀头半径应小于内凹曲面的最小曲率半径。

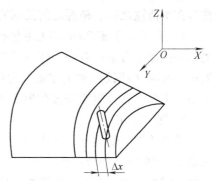

图 1-15　两轴半坐标行切法加工曲面

两轴半坐标加工曲面的刀心轨迹 O_1O_2 和切削点轨迹 ab 如图 1-16 所示，图中 $ABCD$ 为被加工曲面，P_{YOZ} 平面为平行于 YOZ 坐标平面的一个行切面，刀心轨迹 O_1O_2 为曲面 $ABCD$ 的等距面 $IJKL$ 与行切面 P_{YOZ} 的交线，显然，O_1O_2 是一条平面曲线。由于曲面的曲率变化，改变了球头铣刀与曲面切削点的位置，使切削点的连线成为一条空间曲线，从而在曲面上形成扭曲的残留沟纹。

2）对曲率变化较大和精度要求较高的曲面的精加工，常用三坐标联动插补的行切法加工。如图 1-17 所示，P_{YOZ} 平面为平行于 YOZ 坐标平面的一个行切面，它与曲面的交线为 ab，由于是三坐标联动，球头铣刀与曲面的切削点始终处于平面曲线 ab 上，可获得较规则的残留沟纹。但这时的刀心轨迹 O_1O_2 不在 P_{YOZ} 平面上，而是一条空间曲线。

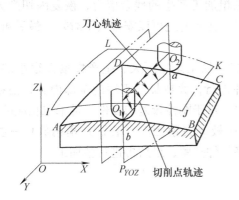

图 1-16　两轴半坐标行切法
加工曲面的切削点轨迹

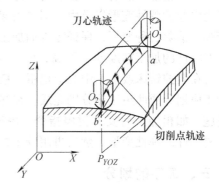

图 1-17　三坐标联动行切法
加工曲面的切削点轨迹

3）对像叶轮、螺旋桨这样的零件，因其叶片形状复杂，刀具容易与相邻表面发生干涉，常用五坐标联动加工，由于其编程计算相当复杂，一般采用自动编程。

5. 孔加工

孔加工方法比较多，有钻孔、扩孔、铰孔和镗孔等。大直径孔还可采用圆弧插补方式进行铣削加工。

1）直径大于 $\phi30mm$ 的已铸出或锻出毛坯孔的孔，一般采用粗镗→半精镗→孔口倒角→精镗加工方案，孔径较大的可采用立铣刀粗铣、精铣加工方案。有空刀槽时，可用锯片铣刀在半精镗之后、精镗之前铣削完成，也可用镗刀进行单刀镗削，但效率较低。

2）直径小于 $\phi30mm$ 的无毛坯孔的孔，通常采用锪平端面→打中心孔→钻→扩→孔口倒角→铰加工方案；有同轴度要求的小孔，需采用锪平端面→打中心孔→钻→半精镗→孔口倒角→精镗（或铰）加工方案。为提高孔的位置精度，在钻孔工步前需安排锪平端面和打中心孔工步。孔口倒角安排在半精加工之后、精加工之前，以防孔内产生毛刺。

6. 螺纹加工

螺纹的加工依据孔径大小而定。一般情况下，M6～M20 的螺纹孔，通常采用攻螺纹方法加工。M6 以下的螺纹孔，可在加工中心上完成底孔加工，再通过其他手段（如手工）攻螺纹，因为在加工中心上攻螺纹不能随机控制加工状态，小直径丝锥容易折断。M20 以上的螺纹孔，可采用镗刀进行镗削加工，也可采用螺纹铣刀铣螺纹。

二、加工阶段的划分

在数控铣床和加工中心上加工，加工阶段主要依据工件的精度要求确定，同时还需要考虑生产批量、毛坯质量、加工中心的加工条件等因素。

若零件已经过粗加工，数控铣床或加工中心只完成最后的精加工，则不必划分加工阶段。

当零件的加工精度要求较高，在数控铣床或加工中心加工之前又没有进行过粗加工时，则应将粗、精加工分开进行，粗加工通常在普通机床上进行，在数控铣床或加工中心上只进行精加工。这样不仅可以充分发挥机床的各种功能，降低加工成本，提高经济效益，而且可以让零件在粗加工后有一段自然时效过程，以消除粗加工产生的残余应力，恢复因切削力、夹紧力引起的弹性变形以及由切削热引起的热变形，必要时还可以安排人工时效，最后再通过精加工消除各种变形，保证零件的加工精度。

对零件的加工精度要求不高，而毛坯质量较高、加工余量不大、生产批量又很小的零件，可在数控铣床或加工中心上把粗、精加工合并进行，完成加工工序的全部内容，但粗、精加工应划分成两道工序分别完成。在加工过程中，对于刚性较差的零件，可采取相应的工艺措施，如粗加工后安排暂停指令，由操作者将压板等夹紧元件（装置）稍稍放松一些，以恢复零件的弹性变形，然后再用较小的夹紧力将零件夹紧，最后再进行精加工。

三、工序的划分

在数控机床上加工的工件，一般按工序集中原则划分工序。根据数控机床的加工特点，加工工序的划分有以下几种方式：

（1）按装夹定位划分工序　对于加工内容不多的工件，可根据装夹定位划分工序，即以一次装夹完成的那部分工艺过程为一道工序。通常，先将加工部位分为几个部分，每道工序加工其中一部分。如加工外轮廓时，以内腔夹紧；加工内腔时，以外轮廓夹紧。

（2）按所用刀具划分工序　为了减少换刀次数和空程时间，可以按刀具划分工序。在一次装夹中，用一把刀加工完能加工的所有部位，然后再换第二把刀加工其他部位，即以同一把刀具完成的那部分工艺过程为一道工序。这种方法适用于零件结构较复杂、待加工表面较多、机床连续工作时间较长、加工程序的编制和检查难度较大等情况。自动换刀数控机床中大多采用这种方法。

（3）按粗、精加工划分工序　由于粗加工切削余量较大，会产生较大的切削力，使刚度较差的工件产生变形，故一般对易产生加工变形的零件，可按粗、精加工分开的原则来划分工序，即粗加工中完成的那一部分工艺过程为一道工序，精加工中完成的那一部分工艺过程为一道工序。

（4）按加工部位划分工序　对于加工内容很多的零件，可按其结构特点将加工部位分成几个部分，如内形、外形、曲面或平面等，以完成相同型面的那一部分工艺过程为一道工序。一般先加工平面、定位面，后加工孔；先加工简单的几何形状，再加工复杂的几何形状；先加工精度要求较低的部位，再加工精度要求较高的部位。

有关工序的划分，应根据零件的结构特点、工件的安装方式、数控加工内容、数控机床的性能以及工厂的生产条件等因素，灵活掌握，力求合理。

四、加工顺序的安排

数控铣削和加工中心加工顺序的安排同样要遵循"基准先行，先粗后精，先主后次，先面后孔"的一般工艺原则。此外，在加工中心上加工工件时，一般都有多个工步，要使用多把刀具，因此还应考虑：

1）减少换刀次数，节省辅助时间。一般情况下，每更换一把新的刀具，就应将该刀具能够加工的所有表面全部加工完成。

2）每道工序尽量减少刀具的空行程移动量，按最短路线安排加工表面的加工顺序。

五、加工路线的确定

在数控加工中，刀具（刀位点）相对于工件的运动轨迹称为加工路线，即刀具从对刀点开始运动起，直至加工结束所经过的路径，包括切削加工的路径及刀具切入、切出等非切削空行程路径。

确定加工路线时，主要遵循以下几点原则：

1）加工路线应必须保证工件加工精度和表面粗糙度。

2）应尽量缩短加工路线，以减少空行程时间，提高生产率。

3）应尽量简化数学处理时的数值计算工作量，以减少编程工作量。

有关平面及平面外轮廓加工、型腔加工、孔槽加工等的加工路线设计详见"项目三典型结构和零件的数控铣削加工工艺设计"。

六、切削用量的选择

切削用量包括切削速度 v_c、进给量 f 和背吃刀量 a_p。

数控加工时，同一加工过程选用不同的切削用量，会产生不同的切削效果。合理的切削用量应能保证工件的加工质量和刀具寿命，充分发挥机床潜力，最大限度发挥刀具的切削性能，并能获得高生产率和低加工成本。

在铣削过程中，如果能在一定的时间内切除较多的金属，就会有较高的生产效率。显然，提高背吃刀量、铣削速度和进给量均能增加金属的切除量。但是，影响铣刀寿命最显著的因素是铣削速度，其次是进给量，背吃刀量的影响最小。所以，为了保证铣刀合理的寿命，应当优先采用较大的背吃刀量，其次是选择较大的进给量，最后才是根据铣刀寿命的要求，选择适宜的铣削速度。

（一）吃刀量的选择

如图1-18所示，刀具切入工件后的吃刀量包括背吃刀量 a_p 和侧吃刀量 a_w 两个方面。

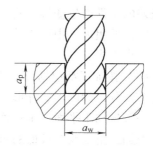

1. 背吃刀量 a_p

在机床、工件和刀具刚度允许的情况下，背吃刀量可以等于加工余量，即尽量做到一次进给铣去全部的加工余量，这是提高生产率的一个有效措施。只有当表面粗糙度要求 Ra 值小于 $6.3\mu m$ 时，为了保证零件的加工精度和表面粗糙度，才需要考虑留一定的余量进行精加工。

图1-18 背吃刀量 a_p 和侧吃刀量 a_w

2. 侧吃刀量 a_w

侧吃刀量也称为切削宽度，在编程软件中称为步距，一般切削宽度与刀具直径 D 成正比。在粗加工中，步距取得大些有利于提高加工效率。使用平底刀进行切削时，一般取 $a_w = (0.6 \sim 0.9)D$；而使用圆鼻刀进行加工时，刀具实际直径应扣除刀尖的圆角部分，即 $d = D - 2r$（d 为刀具实际直径，r 为刀尖圆角半径），而 a_w 可以取到 $(0.8 \sim 0.9)d$；在使用球头刀进行精加工时，步距的确定应首先考虑所能达到的精度和表面粗糙度。

3. 背吃刀量或侧吃刀量与表面质量的要求

1）在工件表面粗糙度值 Ra 要求为 $12.5 \sim 25\mu m$ 时，如果周铣的加工余量小于5mm，面铣的加工余量小于6mm时，粗铣一次进给就可以达到要求。但在余量较大、工艺系统刚性较差或机床动力不足时，可分两次进给完成。

2）在工件表面粗糙度值 Ra 要求为 $3.2 \sim 12.5\mu m$ 时，可分粗铣和半精铣两步进行。粗铣时选择背吃刀量或侧吃刀量尽量做到一次进给铣去全部的加工余量，工艺系统刚性较差或机床动力不足时，可分两次进给完成。粗铣后留 $0.5 \sim 1mm$ 余量，在半精铣时切除。

3）在工件表面粗糙度值 Ra 要求为 $0.8 \sim 3.2\mu m$ 时，可分粗铣、半精铣、精铣三步进行。半精铣时背吃刀量或侧吃刀量取 $1.5 \sim 2mm$；精铣时，周铣的侧吃刀量取 $0.3 \sim 0.5mm$，面铣刀背吃刀量取 $0.5 \sim 1mm$。

必须指出，机床刚度、工件材料和精度以及刀具材料和规格等因素都影响背吃刀量和侧吃刀量的选择，实际使用时，应查阅相关工艺手册或参照表1-1～表1-8选择合适的背吃刀量和侧吃刀量。

（二）每齿进给量 f_z 的选择

粗铣时，限制进给量提高的主要因素是切削力，进给量主要是根据铣床进给机构的强度、刀杆的刚度、刀齿的强度及铣床、夹具、工件的工艺系统刚度来确定。在强度和刚度许可的条件下，进给量可以尽量选取得大一些。精加工时，限制进给量提高的主要因素是表面粗糙度。为了减少工艺系统的振动，减小已加工表面的残留面积高度，一般选取较小的进给量。每齿进给量的选择方法总结如下：

1）一般情况下，粗铣取大值，精铣取小值。

2）对刚性较差的工件，或所用的铣刀强度较低时，铣刀每齿进给量应适当减小。

3）在铣削加工不锈钢等冷硬倾向较大的材料时，应适当增大铣刀每齿进给量，以免切削刃在冷硬层上切削，以致加速切削刃的磨损。

4）精铣时，如果铣刀安装后的径向圆跳动量及轴向圆跳动量加大，则铣刀每齿进给量应相应适当地减小。

5）用带修光刃的硬质合金铣刀进行精铣时，只要工艺系统的刚性好，铣刀每齿进给量可适当增大，但修光刃必须平直，并与进给方向保持较高的平行度，这就是所谓的大进给量强力铣削。大进给量强力铣削可以充分发挥铣床和铣刀的加工潜力，提高铣削加工效率。

确定铣刀每齿进给量 f_z 后，进给速度 $F = f_z z n$（mm/min），z 为铣刀的齿数，n 为转速（r/min）。

（三）切削速度 v_c 的选择

在铣削加工时，切削速度 v_c 也称为单齿切削量，单位为 m/min。提高切削速度是提高生产率的一个有效措施，但切削速度与刀具寿命的关系比较密切。随着切削速度的增大，刀具寿命急剧下降，故切削速度的选择主要取决于刀具寿命。另外，切削速度还要根据工件材料的硬度作适当的调整。

确定了切削速度 v_c 后，主轴转速 $n = v_c \times 1000/\pi D$，$D$ 为刀具直径（mm）。

数控加工的多样性、复杂性以及日益丰富的数控刀具，决定了选择刀具时不能再主要依靠经验。刀具制造厂在开发每一种刀具时，已经做了大量的试验，在向用户提供刀具的同时，也提供了详细的使用说明。

操作者应该能够熟练地使用生产厂商提供的技术手册，通过手册选择合适的刀具，并根据手册提供的参数合理使用数控刀具。

表 1-1 是可转位铣刀参考切削用量表，表 1-2 是硬质合金焊接铣刀参考切削用量表，表 1-3 是整体硬质合金铣刀参考切削用量表，表 1-4～表 1-8 给出了部分孔加工的切削用量，供选择时参考。

表 1-1　可转位铣刀参考切削用量表

工件材料及硬度	可转位面铣刀 GMA		可转位面铣刀 ZMA、ZMB		可转位重型面铣刀 CMA		可转位铝合金面铣刀 LMA		可转位密齿面铣刀 MM、MMA、ZMMA	
	v_c/(m/min)	f_z/(mm/r)	v_c/(m/min)	f_z/(mm/r)	v_c/(m/min)	f_z/(mm/r)	v_c/(m/min)	f_z/(mm/r)	v_c/(m/min)	f_z/(mm/r)
碳素钢 180～280HBW	70～110	0.10～0.30	70～120	0.05～0.15	70～110	0.10～0.30	—	—	70～110	0.05～0.20
合金钢 280～350HBW	35～70	0.10～0.20	50～85	0.05～0.15	35～70	0.10～0.20	—	—	35～70	0.05～0.20
淬火钢 ≤40HRC	—	—	—	—	—	—	—	—	—	—
不锈钢 ≤270HBW	80～140	0.10～0.30	70～120	0.10～0.20	—	—	—	—	—	—
铸铁 ≤220HBW	60～110	0.10～0.30	70～120	0.05～0.20	45～70	0.10～0.30	—	—	60～100	0.10～0.25
铝合金	—	—	—	—	—	—	300～800	0.10～0.30	—	—

（续）

工件材料及硬度	可转位面铣刀 GMA		可转位面铣刀 ZMA、ZMB		可转位重型面铣刀 CMA		可转位铝合金面铣刀 LMA		可转位密齿面铣刀 MM、MMA、ZMMA	
	v_c/(m/min)	f_z/(mm/r)	v_c/(m/min)	f_z/(mm/r)	v_c/(m/min)	f_z/(mm/r)	v_c/(m/min)	f_z/(mm/r)	v_c/(m/min)	f_z/(mm/r)
钛合金	—	—	—	—	—	—	—	—	—	—
a_p/mm	≤6($D^①$=63~100) ≤8(D=125~500)		≤6		≤8		≤8		≤5	
a_w/mm	0.60D									

工件材料及硬度	可转位阶梯面铣刀 JTMA		可转位面铣刀 SGM、SGMA、SGMB		可转位燕尾槽面铣刀 VX		可转位陶瓷面铣刀 TRM、TSM、TZM	
	v_c/(m/min)	f_z/(mm/r)	v_c/(m/min)	f_z/(mm/r)	v_c/(m/min)	f_z/(mm/r)	v_c/(m/min)	f_z/(mm/r)
碳素钢180~280HBW	130~80	0.15~0.40	85~125	0.10~0.20	—	—	180~300	0.05~0.15
合金钢280~350HBW	110~70	0.20~0.30	60~90	0.10~0.20	—	—	180~280	0.05~0.15
淬火钢≤40HRC	—	—	45~70	0.05~0.15	—	—	90~300	0.05~0.12
不锈钢≤270HBW	—	—	85~125	0.10~0.20	—	—	100~180	0.05~0.12
铸铁≤220HBW	130~80	0.15~0.40	90~170	0.10~0.20	80~100	0.05~0.10	120~380	0.10~0.20
铝合金	—	—	200~700	0.10~0.20	—	—	—	—
钛合金	—	—	20~80	0.05~0.20	—	—	—	—
a_p/mm	2.5~25		≤6		≤15		0.2~4	
a_w/mm	≤0.60D				≤25		≤0.60D	

工件材料及硬度	可转位三面刃、两面刃铣刀 SMD		可转位立铣刀 LXM、LXY、LXX、LXT		可转位倒角立铣刀 DLX、DLM		可转位T形槽铣刀 KTXZ、KTXM		可转位立铣刀 RMM、RMY、RMX、RMT	
	v_c/(m/min)	f_z/(mm/r)	v_c/(m/min)	f_z/(mm/r)	v_c/(m/min)	f_z/(mm/r)	v_c/(m/min)	f_z/(mm/r)	v_c/(m/min)	f_z/(mm/r)
碳素钢180~280HBW	70~140	0.05~0.20	70~110	0.10~0.30	70~140	0.15~0.30	80~140	0.10~0.20	70~120	0.10~0.30
合金钢280~350HBW	60~120	0.05~0.20	40~70	0.10~0.20	60~110	0.10~0.30	40~80	0.05~0.15	50~100	0.05~0.20
淬火钢≤40HRC	—	—	30~60	0.04~0.10	40~70	0.05~0.20	—	—	40~80	0.05~0.20
不锈钢≤270HBW	70~140	0.05~0.15	100~140	0.10~0.30	80~120	0.10~0.20	—	—	70~120	0.05~0.20
铸铁≤220HBW	70~140	0.05~0.20	45~70	0.10~0.30	90~150	0.20~0.40	60~100	0.10~0.20	70~120	0.10~0.30
铝合金	—	—	—	—	210~700	0.15~0.40	—	—	300~600	0.15~0.40
钛合金	—	—	—	—	—	—	—	—	—	—

（续）

工件材料及硬度	可转位三面刃、两面刃铣刀 SMD		可转位立铣刀 LXM、LXY、LXX、LXT		可转位倒角立铣刀 DLX、DLM		可转位 T 形槽铣刀 KTXZ、KTXM		可转位立铣刀 RMM、RMY、RMX、RMT	
	v_c/ (m/min)	f_z/ (mm/r)	v_c/ (m/min)	f_z/ (mm/r)	v_c/ (m/min)	f_z/ (mm/r)	v_c/ (m/min)	f_z/ (mm/r)	v_c/ (m/min)	f_z/ (mm/r)
a_p/mm	≤2L②		≤5		≤5		—		≤5	
a_w/mm	≤L		≤0.6D		—		—		—	

工件材料及硬度	可转位螺旋立铣刀 KLXX、KLXM、KLXZ		可转位球头立铣刀 QXZ、QXCZ		机夹单片球头立铣刀 DQY、DQX、DQM	
	v_c/ (m/min)	f_z/ (mm/r)	v_c/ (m/min)	f_z/ (mm/r)	v_c/ (m/min)	f_z/ (mm/r)
碳素钢 180~280HBW	80~140	0.06~0.15	60~140	250~400	60~120	0.08~0.25
合金钢 280~350HBW	80~120	0.06~0.15				
淬火钢 ≤40HRC	—	—				
不锈钢 ≤270HBW	60~120	0.06~0.12	60~140	250~400	60~120	0.08~0.25
铸铁 ≤220HBW	80~120	0.05~0.15				
铝合金	—	—				
钛合金	—	—				
a_p/mm	—		一般型(0.2~0.5)D 长刃型 1.2D		0.2~1	

① D 为铣刀直径。
② L 为铣刀宽度。

表1-2 硬质合金焊接铣刀参考切削用量表

铣刀	工件材料及硬度	切削速度 v_c/ (m/min)	每齿进给量 f_z/ (mm/r)	背吃刀量 a_p/mm	侧吃刀量 a_w/mm
硬质合金玉米铣刀 YMXX、YMXM、YMXT	碳素钢 180~220HBW	40~50	0.04~0.20	≤0.8L①	≤0.5D②
	合金钢 220~280HBW	35~50	0.03~0.15		
	铸铁 180~220HBW	40~60	0.06~0.30		
硬质合金螺旋立铣刀 HLXM、HLXX	碳素钢 180~220HBW	30~50	0.03~0.15	≤0.8L	≤0.5D
	合金钢 220~280HBW	25~40	0.02~0.10		
	铸铁 180~220HBW	30~50	0.05~0.25		

（续）

铣　　刀	工件材料及硬度	切削速度 v_c/（m/min）	每齿进给量 f_z/（mm/r）	背吃刀量 a_p/mm	侧吃刀量 a_w/mm
硬质合金立铣刀 YHLXY、YHLXM	碳素钢 180~220HBW	15~35	铣槽 0.02~0.10	铣槽≤D 铣侧面≤1.5D	铣槽=D 铣侧面≤0.2D
			铣侧面 0.05~0.30		
	合金钢 220~280HBW	10~25	铣槽 0.01~0.08		
			铣侧面 0.03~0.25		
	铸铁 180~220HBW	15~35	铣槽 0.02~0.15		
			铣侧面 0.06~0.45		
硬质合金错齿三面刃铣刀 HSM	碳素钢 200HBW	60~80	0.10~0.15	1~2l③	
	铸铁 200HBW				
硬质合金T形槽铣刀 HZTXY、HZTXM	铸铁 200HBW	35~50	0.03~0.08	—	—
硬质合金燕尾槽铣刀 HVX	铸铁 200HBW	60~80	0.05~0.10	≤0.8$L_1$④	—
硬质合金球头立铣刀 HQ	碳素钢 180~220HBW	15~30	0.02~0.08	≤0.4D	≤D
	合金钢 220~280HBW	10~25	0.01~0.07		
	铸铁 180~220HBW	15~30	0.02~0.10		

① L 为铣刀切削刃长度。
② D 为铣刀直径。
③ l 为铣刀刀齿宽度。
④ L_1 为切削刃高。

表1-3　整体硬质合金铣刀参考切削用量表

铣　　刀	工件材料及硬度	切削速度 v_c/（m/min）	每齿进给量 f_z/（mm/r）	背吃刀量 a_p/mm	侧吃刀量 a_w/mm
整体硬质合金球头立铣刀 YQX	碳素钢 180~220HBW	20~35	0.02~0.08	≤0.4D	≤D
	合金钢 220~280HBW	15~30	0.01~0.07		
	铸铁 180~220HBW	20~40	0.02~0.10		

（续）

铣　　刀	工件材料及硬度	切削速度 v_c/（m/min）	每齿进给量 f_z/（mm/r）	背吃刀量 a_p/mm	侧吃刀量 a_w/mm
整体硬质合金圆锥形球头立铣刀 YYQX	碳素钢 180~220HBW	15~30	0.02~0.08	$\leq 0.4D$	$\leq D$
	合金钢 220~280HBW	10~25	0.01~0.07		
	铸铁 180~220HBW	15~35	0.02~0.10		
整体硬质合金键槽铣刀 YJX	碳素钢 180~220HBW	20~40	0.02~0.10	$(0.4~0.6)D$	$\leq D$
	合金钢 220~280HBW	15~30	0.01~0.08		
	铸铁 180~220HBW	20~40	0.02~0.15		
整体硬质合金立铣刀 YLX、整体硬质合金圆角立铣刀 YYX、整体硬质合金圆锥形立铣刀 YYLX	碳素钢 180~220HBW	20~40	铣槽 0.02~0.10 铣侧面 0.05~0.30	铣槽 $\leq D$ 铣侧面 $\leq 1.5D$	铣槽 $=D$ 铣侧面 $\leq 0.2D$
	合金钢 220~280HBW	15~30	铣槽 0.01~0.08 铣侧面 0.03~0.25		
	铸铁 180~220HBW	20~40	铣槽 0.02~0.15 铣侧面 0.06~0.45		

表1-4　高速钢钻头加工铸铁件的切削用量

钻头直径/mm	工件硬度					
	160~220HBW		200~400HBW		300~400HBW	
	v_c/（m/min）	f/（mm/r）	v_c/（m/min）	f/（mm/r）	v_c/（m/min）	f/（mm/r）
1~6	8~25	0.07~0.12	10~18	0.05~0.1	5~12	0.03~0.08
6~12	8~25	0.12~0.2	10~18	0.1~0.18	5~12	0.08~0.15
12~22	8~25	0.2~0.4	10~18	0.18~0.25	5~12	0.15~0.25
22~50	8~25	0.4~0.8	10~18	0.25~0.4	5~12	0.25~0.35

注：采用硬质合金钻头加工铸铁件时取 $v_c = 20~30$ m/min。

表1-5　高速钢钻头加工钢件的切削用量

钻头直径/mm	工件硬度					
	$\sigma_b = 520 \sim 700\text{MPa}$ （35、45钢）		$\sigma_b = 700 \sim 900\text{MPa}$ （15Cr、20Cr）		$\sigma_b = 100 \sim 110\text{MPa}$ （合金钢）	
	$v_c/(\text{m/min})$	$f/(\text{mm/r})$	$v_c/(\text{m/min})$	$f/(\text{mm/r})$	$v_c/(\text{m/min})$	$f/(\text{mm/r})$
1 ~ 6	8 ~ 25	0.05 ~ 0.1	12 ~ 30	0.05 ~ 0.1	8 ~ 15	0.03 ~ 0.08
6 ~ 12	8 ~ 25	0.1 ~ 0.2	12 ~ 30	0.1 ~ 0.2	8 ~ 15	0.08 ~ 0.15
12 ~ 22	8 ~ 25	0.2 ~ 0.3	12 ~ 30	0.2 ~ 0.3	8 ~ 15	0.15 ~ 0.25
22 ~ 50	8 ~ 25	0.3 ~ 0.45	12 ~ 30	0.3 ~ 0.45	8 ~ 15	0.25 ~ 0.35

表1-6　高速钢铰刀铰孔的切削用量

铰刀直径/mm	工件材料					
	铸铁		钢及合金钢		铝、铜及其合金	
	$v_c/(\text{m/min})$	$f/(\text{mm/r})$	$v_c/(\text{m/min})$	$f/(\text{mm/r})$	$v_c/(\text{m/min})$	$f/(\text{mm/r})$
6 ~ 10	2 ~ 6	0.3 ~ 0.5	1.2 ~ 5	0.3 ~ 0.4	8 ~ 12	0.3 ~ 0.5
10 ~ 15	2 ~ 6	0.5 ~ 1	1.2 ~ 5	0.4 ~ 0.5	8 ~ 12	0.5 ~ 1
15 ~ 25	2 ~ 6	0.8 ~ 1.5	1.2 ~ 5	0.5 ~ 0.6	8 ~ 12	0.8 ~ 1.5
25 ~ 40	2 ~ 6	0.8 ~ 1.5	1.2 ~ 5	0.5 ~ 0.6	8 ~ 12	0.8 ~ 1.5
40 ~ 60	2 ~ 6	1.2 ~ 1.8	1.2 ~ 5	0.5 ~ 0.6	8 ~ 12	1.5 ~ 2

注：采用硬质合金铰刀铰铸铁材料时 $v_c = 8 \sim 10\text{m/min}$，铰铝材料时 $v_c = 12 \sim 15\text{m/min}$。

表1-7　镗孔的切削用量

工序	刀具材料	工件材料					
		铸铁		钢及其合金		铝及其合金	
		$v_c/(\text{m/min})$	$f/(\text{mm/r})$	$v_c/(\text{m/min})$	$f/(\text{mm/r})$	$v_c/(\text{m/min})$	$f/(\text{mm/r})$
粗镗	高速钢	20 ~ 25	0.4 ~ 1.5	15 ~ 30	0.35 ~ 0.7	100 ~ 150	0.5 ~ 1.5
	硬质合金	35 ~ 50		50 ~ 70		100 ~ 250	
半精镗	高速钢	20 ~ 35	0.15 ~ 1.5	15 ~ 50	0.15 ~ 0.45	100 ~ 200	0.2 ~ 0.5
	硬质合金	50 ~ 70		90 ~ 130			
精镗	高速钢	70 ~ 90	< 0.08	100 ~ 135	0.12 ~ 0.15	150 ~ 400	0.06 ~ 0.1
	硬质合金		0.12 ~ 0.15				

注：当采用高精度镗刀镗孔时，切削速度 v_c 可提高一些，铸铁件为 100 ~ 150m/min，钢件为 150 ~ 250m/min，铝合金为 250 ~ 500m/min。进给量可在 0.03 ~ 0.1mm/r 范围内选取。

表1-8　攻螺纹的切削用量

工件材料	铸铁	钢及其合金	铝及其合金
$v_c/(\text{m/min})$	2.5 ~ 5	1.5 ~ 5	5 ~ 15

七、工件在数控铣床和加工中心上的装夹

（一）工件在数控铣床和加工中心上的装夹要求

1）夹具应具有较高刚度和较高定位精度。

2）夹紧机构或其他元件不得影响进给，为切削刀具运动留下足够的空间。夹具上各零部件应不妨碍机床对零件各表面的加工，即夹具要尽量敞开，其定位、夹紧元件的空间位置应尽量低，夹具不能和各工步刀具轨迹发生干涉。另外，还应注意夹具或工件不能与自动换刀装置及交换工作台的运动发生干涉。

3）夹具结构应力求简单，装卸方便快捷，辅助时间短。批量小的零件应优先选用组合夹具。形状简单的单件小批量生产的零件，可选用通用夹具，如三爪自定心卡盘、机用平口虎钳等。只有批量较大、周期性生产、加工精度要求较高的关键工序才设计专用夹具，以保证加工精度，提高装夹效率。数控加工夹具应尽可能使用气动、液压、电动等自动夹紧装置实现快速夹紧，以缩短辅助时间。

4）尽可能使工件产生较小的夹紧变形。要合理安排夹具的支承点、定位点和夹紧点。应使夹紧点靠近支承点，避免夹紧力作用在工件的中空区域。如果采用了相应措施仍不能控制零件变形对加工精度的影响，只能将粗、精加工分开，或者粗、精加工采用不同的夹紧力。可以在粗加工时采用较大夹紧力，精加工时放松工件，重新用较小夹紧力夹紧工件以控制零件夹紧变形。

（二）常用数控铣削夹具

1. 机用平口虎钳

机用平口虎钳结构如图 1-19 所示。虎钳在机床上安装的大致过程为：清除工作台面和机用平口虎钳底面的杂物及毛刺，将机用平口虎钳定位键对准工作台 T 形槽，调整两钳口平行度，然后紧固机用平口虎钳。

工件在机用平口虎钳上装夹时应注意，装夹毛坯面或表面有硬皮时，钳口应加垫铜皮或采用铜钳口；选择高度适当、宽度稍小于工件的垫铁，使工件的余量层高出钳口；在粗铣和半精铣时，尽量使铣削力指向固定钳口，因为固定钳口比较牢固。

要保证机用平口虎钳在工作台上的正确位置，必要时用百分表找正固定钳口面，使其与工作台运动方向平行或垂直。夹紧时，应使工件紧靠在平行垫铁上。工件高出钳口或伸出钳口两端的距离不能太多，以防铣削时产生振动。

2. 压板

对中型、大型和形状比较复杂的零件，一般采用压板将工件紧固在数控铣床工作台台面上，如图 1-20 所示。压板装夹工件时所用工具比较简单，主要是压板、垫铁、螺栓及螺母。为满足不同形状零件的装夹需要，压板的形状种类也较多。另外，在搭装压板时应注意搭装稳定和夹紧力的三要素。

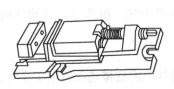

图 1-19　机用平口虎钳

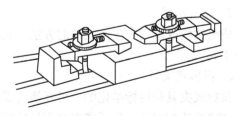

图 1-20　用压板装夹工件

3. 气动类夹紧通用虎钳

图 1-21 所示为可调支承钳口、气动类夹紧通用虎钳。该系统夹紧时，压缩空气使活塞 6

下移，带动杠杆1使活动钳口2右移，快速调整固定钳口3，借手柄5反转而使支承板4的凸块从槽中退出，完成夹紧。

4. 数控分度头

数控分度头是数控铣床常用的通用夹具之一（见图1-22）。许多机械零件（如花键等）在铣削时，需要利用分度头进行圆周分度，铣削等分的齿槽。数控分度头在数控铣床上的主要功用是：将工件作任意的圆周等分；把工件轴线装夹成水平、垂直或倾斜的位置。

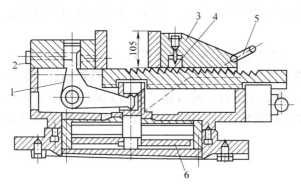 

图1-21 可调支承钳口、气动类夹紧通用虎钳　　　　图1-22 数控分度头
1—杠杆　2—活动钳口　3—固定钳口
4—支承板　5—手柄　6—活塞

5. 组合夹具

组合夹具是由一套预先制好的不同形状、不同规格、不同尺寸、具有完全互换性和高耐磨性、高精度的标准元件及组合件，按照不同工件的工艺要求，组装成的加工所需的夹具。组合夹具使用完毕后，可方便地拆散，洗净后存放，并分类保管，以便下次组装另一形式的夹具。组合夹具有槽系定位组合夹具（见图1-23）和孔系定位组合夹具（见图1-24）等。

6. 通用可调夹具基础板

工件可直接通过定位件、压板、锁紧螺钉固定在通用可调夹具基础板上，也可通过一套定位夹紧调整装置定位在基础板上，基础板为内装立式液压缸和卧式液压缸的平板，通过定位键和机床工作台的一个T形槽联接，夹紧元件可从上面或侧面把双头螺杆或螺栓旋入液压缸活塞杆，不用时将定位孔用螺塞封盖，如图1-25所示。

7. 成组钻模

成组钻模既采用了更换元件的方法，又采用可调元件的方法，也称综合式的成组夹具，如图1-26所示。

8. 拼拆式夹具

拼拆式夹具是将标准化的、可互换的零部件装在基础件上或直接装在机床工作台上，并利用调整件装配而成。拼拆式夹具有标准的或专用的，是根据被加工零件的结构设计的，如图1-27所示。当某种零件加工完毕，即把夹具拆开，将这些标准零部件放入仓库中，以便重复用于装配成加工另一零件的夹具。拼拆式夹具是通过调整其活动部分和更换定位元件的方式重新调整的。

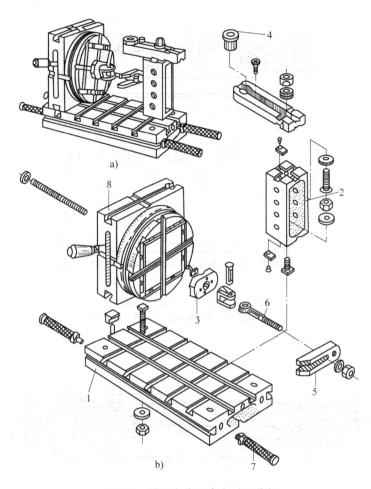

图 1-23   槽系定位组合夹具及分解
a）组装回转式钻孔专用夹具   b）夹具拼装、分解示例
1—基础件   2—支承件   3—定位件   4—导向件   5—夹紧件
6—紧固件   7—其他件   8—合件

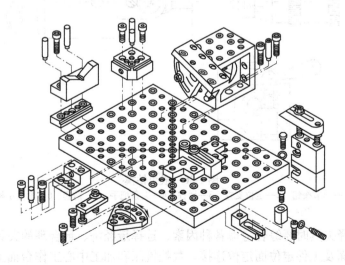

图 1-24   孔系定位组合夹具

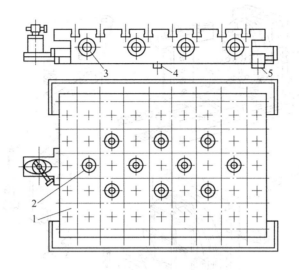

图 1-25 通用可调夹具基础板
1—基础板 2、3—液压缸 4、5—定位键

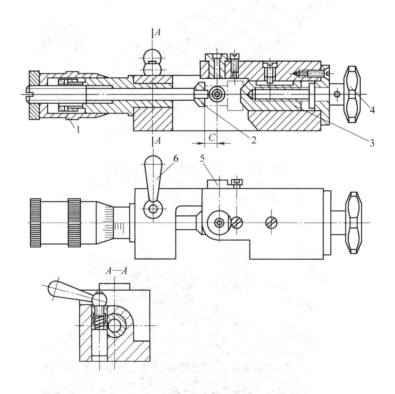

图 1-26 成组钻模
1—调节按钮 2—定位支撑 3—滑柱 4—夹紧把手 5—钻套 6—紧固手柄

总之，在选择夹具时要综合考虑各种因素，选择最经济、最合理的夹具形式。夹具应便于与机床工作台面及工件定位面定位连接。数控铣床和加工中心工作台面上一般都有基准 T 形槽，回转工作台中心有定位圆，台面侧面有基准挡板等定位元件。固定方式一般用 T 形

槽螺钉或工作台面上的紧固螺纹孔固定，用螺栓或压板压紧。夹具上用于紧固的孔和槽的位置必须与工作台上的 T 形槽和孔的位置相对应。一般地，单件小批生产时优先选用组合夹具、可调夹具和其他通用夹具，以缩短生产准备时间和节省生产费用；成批生产时，才考虑成组夹具、专用夹具，并力求结构简单。当然，根据需要还可使用三爪自定心卡盘、机用平口虎钳等通用夹具。对一些小型工件，若批量较大，可采用多件装夹的夹具方案。这样节省了单件换刀的时间，既提高了生产效率，又有利于粗加工和精加工之间的工件冷却和时效。

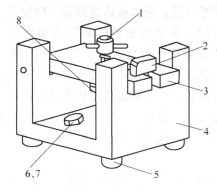

图 1-27　拼拆式夹具
1—压紧螺钉　2、3—铰链压板　4—U 形夹具体
5—钻脚　6、7—定位销　8—浮动压块

八、数控铣床和加工中心常用刀具及其选择

根据被加工工件的加工结构、工件材料的热处理状态、加工性能以及加工余量，选择刚性好、寿命高、刀具类型和几何参数适当的刀具（见图 1-28），是充分发挥数控铣床生产率、获得满意加工质量的前提。

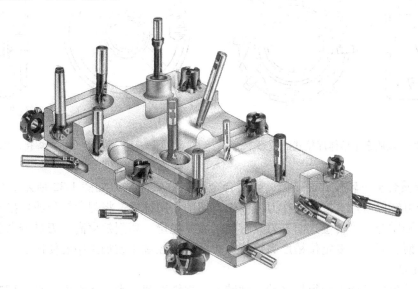

图 1-28　常用铣削加工刀具及其加工面

（一）常用铣刀

1．面铣刀

面铣刀主要用于加工平面、台阶面等。面铣刀的主切削刃分布在铣刀的圆柱面上或圆锥面上，副切削刃分布在铣刀的端面上。面铣刀按结构可以分为整体式面铣刀、硬质合金整体焊接式面铣刀、硬质合金机夹焊接式面铣刀、硬质合金可转位式面铣刀等形式。

（1）整体式面铣刀　整体式面铣刀如图 1-29 所示。由于该面铣刀的材料为高速钢，所以其切削速度、进给量等都受到限制，从而阻碍了生产效率的提高。而且该铣刀的刀齿损坏后很难修复，所以整体式面铣刀应用很少。

（2）硬质合金整体焊接式面铣刀
硬质合金整体焊接式面铣刀如图 1-30 所示。该面铣刀由硬质合金刀片与合金钢刀体焊接而成，结构紧凑，切削效率高，制造较方便。但其刀齿损坏后很难修复，所以硬质合金整体焊接式面铣刀应用也不多。

（3）硬质合金机夹焊接式面铣刀
硬质合金机夹焊接式面铣刀如图 1-31 所示。该面铣刀是将硬质合金刀片焊接在小刀头上，再采用机械夹固的方法将小刀头

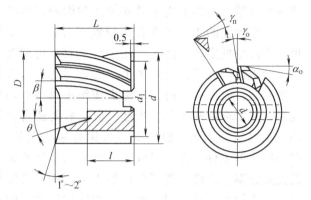

图 1-29 整体式面铣刀

装夹在刀体槽中，切削效率高。刀头损坏后，只要更换新刀头即可，延长了刀体的使用寿命。因此，硬质合金机夹焊接式面铣刀应用比较广泛。

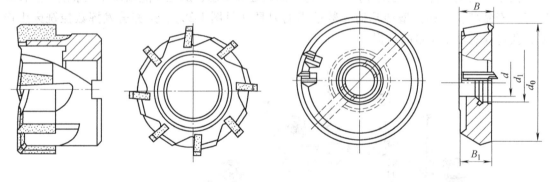

图 1-30 硬质合金整体焊接式面铣刀　　　　图 1-31 硬质合金机夹焊接式面铣刀

（4）硬质合金可转位式面铣刀 硬质合金可转位式面铣刀如图 1-32 所示。该面铣刀是将硬质合金可转位刀片直接装夹在刀体槽中，切削刃用钝后，将刀片转位或更换新刀片即可继续使用。硬质合金可转位式面铣刀具有加工质量稳定，切削效率高，刀具寿命长，刀片调整、更换方便，刀片重复定位精度高等特点，适于数控铣床或加工中心使用。

2. 立铣刀

立铣刀是数控机床上用得最多的一种铣刀，立铣刀圆柱表面和端面上都有切削刃，它们可同时进行切削，也可单独进行切削。立铣刀能够完成的加工内容包括圆周铣削和轮廓加工，槽和键槽铣削，开放式和封闭式型腔、小面积的表面加工，薄壁的表面加工，平底沉头孔、孔面加工，倒角及修边等。

图 1-33 所示为整体式立铣刀，材料有高速钢和硬质合金两种，底部有圆角、斜角和尖角等几种形式。该立铣刀的主切削刃分布在铣刀的圆柱面上，副切削刃分布在铣刀的端面上。主切削刃一般为螺旋齿，以增加切削平稳性，提高加工精度。由于普通立铣刀端面中心处无切削刃，所以立铣刀不能作轴向进给，端面刃主要用来加工与侧面相垂直的底平面。

为了能加工较深的沟槽，并保证有足够的备磨量，立铣刀的轴向长度一般较长。为改善

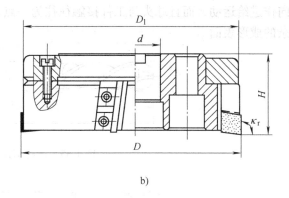

a)　　　　　　　　　　　　　　　b)

图 1-32　硬质合金可转位式面铣刀
a）实物图　b）结构示意图

切屑卷曲情况，增大容屑空间，防止切屑堵塞，立铣刀刀齿数比较少，容屑槽圆弧半径则较大。整体式立铣刀有粗齿和细齿之分，粗齿齿数 3～6 个，适用于粗加工；细齿齿数 5～10 个，适用于半精加工。柄部有直柄、莫氏锥柄、7:24 锥柄等多种形式。整体式立铣刀应用较广，但切削效率较低。

图 1-34 所示为硬质合金可转位式立铣刀，其基本结构与高速钢立铣刀相差不多，但切削效率大大提高，是高速钢立铣刀的 2～4 倍，适用于数控铣床、加工中心的切削加工。

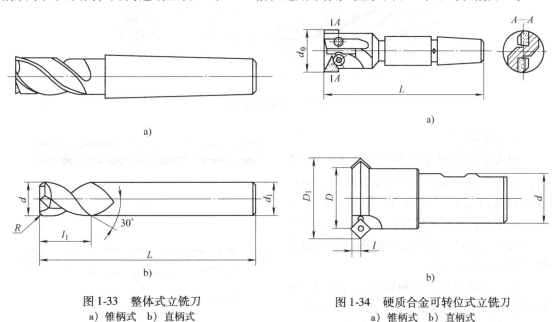

图 1-33　整体式立铣刀
a）锥柄式　b）直柄式

图 1-34　硬质合金可转位式立铣刀
a）锥柄式　b）直柄式

3. 模具铣刀

模具铣刀主要用于加工模具型腔、三维成形表面等。模具铣刀按工作部分形状不同，可分为圆柱形球头铣刀、圆锥形球头铣刀和圆锥形立铣刀三种形式。

圆柱形球头铣刀如图 1-35 所示，圆锥形球头铣刀如图 1-36 所示。这两种铣刀的圆柱、圆锥面和球面上的切削刃均为主切削刃，铣削时不仅能沿铣刀轴向作进给运动，也能沿铣刀径向作进给运动，而且球头与工件接触往往为一点，在数控铣床的控制下，就能加工出各种复杂的成形表面。

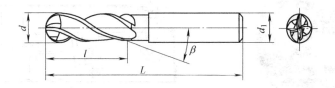

图 1-35　圆柱形球头铣刀

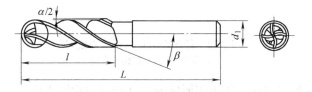

图 1-36　圆锥形球头铣刀

圆锥形立铣刀如图 1-37 所示，圆锥形立铣刀的作用与立铣刀基本相同，只是该铣刀可以利用本身的圆锥体方便地加工出模具型腔的出模角。

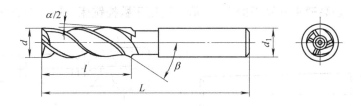

图 1-37　圆锥形立铣刀

4. 键槽铣刀

键槽铣刀主要用于加工圆头封闭键槽等，如图 1-38 所示。它有两个刀齿，圆柱表面和端面上都有切削刃，端面刃开至中心，既像立铣刀，又像钻头。用键槽铣刀加工键槽时，先轴向进给达到槽深，然后沿键槽方向铣出键槽全长。

国家标准规定，直柄键槽铣刀直径 $d = 2 \sim 22$mm，锥柄键槽铣刀直径 $d = 14 \sim 50$mm，键槽铣刀直径的公差带有 e8 和 d8 两种。键槽铣刀的圆周切削刃仅在靠近端面的一小段长度内发生磨损，重磨时，只需刃磨端面切削刃，因此重磨后铣刀直径不变。

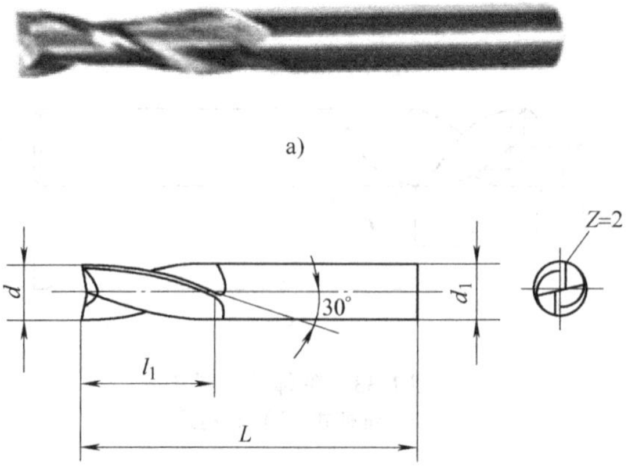

5. 鼓形铣刀

图 1-39 所示的是一种典型的鼓形铣刀，它的切削刃分布在半径为 R 的圆弧面上，端面

图 1-38　键槽铣刀

a）实物图　b）结构示意图

无切削刃。加工时控制刀具上下位置，相应改变切削刃的切削部位，可以在工件上切出从负到正的不同斜角。*R* 越小，鼓形铣刀所能加工的斜角范围越大，但所获得的表面质量也越差。鼓形铣刀的缺点是刃磨困难，切削条件差，而且不适于加工有底的轮廓表面，主要用于对变斜角面的近似加工。

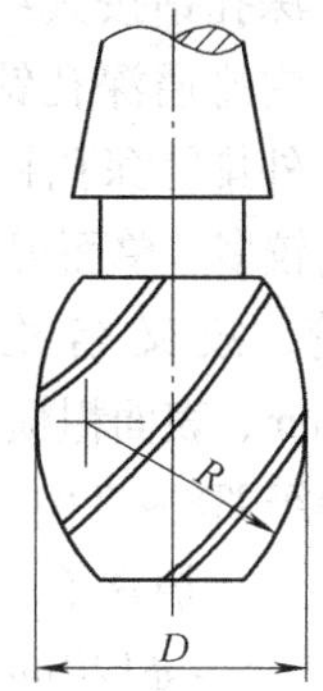

6. 成形铣刀

成形铣刀一般是为特定形状的工件或加工内容专门设计制造的，如倒圆角、铣渐开线齿面、铣燕尾槽和 T 形槽等。几种常用的成形铣刀如图 1-40 所示。

（二）铣削刀具的选择

铣刀类型应与工件表面形状及尺寸相适应，选择的一般原则如下：

1）硬质合金可转位式面铣刀主要用于铣削平面。粗铣时铣刀直径选小一些，因粗铣切削力大，选小直径铣刀可减小切削转矩。精铣时铣刀直径选大一些，最好能包容待加工面的整个宽度，以提高加工精度和效率。加工余量大且不均匀时，刀具直径应选小一些，否则会因接刀刀痕过深而影响工件的加工质量。

图 1-39　鼓形铣刀

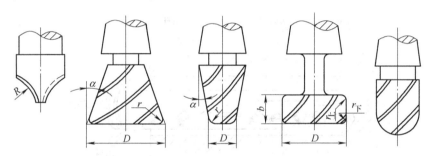

图 1-40　几种常用的成形铣刀

2）高速钢立铣刀多用于加工凸台和凹槽，一般不用来加工毛坯表面，因为毛坯面的硬化层和夹砂会使刀具磨损很快。

3）加工毛坯面或粗加工孔时，可选镶硬质合金立铣刀或玉米铣刀进行强力切削。

4）加工平面工件周边轮廓时，常采用立铣刀。

5）为了提高槽宽的加工精度，减少铣刀的种类，加工时可采用直径比槽宽小的铣刀，先铣槽的中间部分，然后利用刀具半径补偿功能铣削槽的两边。

6）加工立体曲面或变斜角轮廓外形时，常采用球头铣刀、环形铣刀、鼓形铣刀、锥形铣刀、盘形铣刀等。

7）当加工余量较小，且表面粗糙度要求较高时，可选用镶立方氮化硼刀片或镶陶瓷刀片的面铣刀，以便能进行高速切削。

（三）常用孔加工刀具及其选择

1. 钻孔刀具

（1）麻花钻　麻花钻是最常见的孔加工刀具，如图 1-41 所示。它可在实心材料上钻孔，也可用来扩孔，主要用于加工 $\phi 30$mm 以下的孔。

（2）深孔钻　长径比（L/D）大于 5 为深孔，因加工深孔是在深处切削，切削液不易注入，散热差，排屑困难，钻杆刚性差，易损坏刀具和引起孔的轴线偏斜，影响加工精度和生产效率，故应选用深孔刀具加工。

深孔钻按其结构特点可分为外排屑深孔钻、内排屑深孔钻、喷吸钻和套料钻等。

外排屑深孔钻（见图 1-42）以单面刃的应用较多。单面刃外排屑深孔钻最早用于加工枪管，故又名枪钻。适合加工孔径 $\phi2\sim\phi20mm$、表面粗糙度 Ra 值为 $3.2\sim0.8\mu m$、公差等级 IT8~IT10、长径比大于 100 的深孔。

内排屑深孔钻（见图 1-43）一般用于加工 $\phi5\sim\phi120mm$、长径比小于 100、表面粗糙度 Ra 值为 $3.2\mu m$、公差等级 IT6~IT9 的深孔。由于钻杆为圆形，刚性较好，且切屑不与工件孔壁摩擦，故生产效率和加工质量均较外排屑深孔钻有所提高。

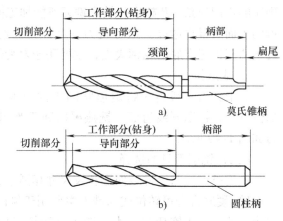

图 1-41　麻花钻
a）莫氏锥柄麻花钻　b）圆柱柄麻花钻

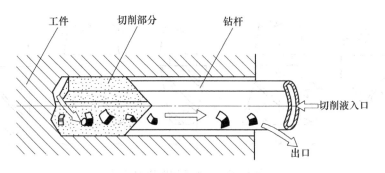

图 1-42　外排屑深孔钻

（3）扩孔钻　将工件上已有的孔（铸出、锻出或钻出的孔）扩大的加工方法叫做扩孔。加工中心上进行扩孔多采用扩孔钻。也可使用键槽铣刀或立铣刀进行扩孔，比普通扩孔钻的加工精度高。

扩孔钻如图 1-44 所示，与麻花钻相比，扩孔钻的刚度和导向性均较好、振动小，可在一定程度上校正原孔轴线歪斜。同时，由于扩孔的余量小、切削热少，故扩孔精度较高，表面粗糙度值较小。因此，扩孔属于半精加工。

（4）中心钻和定心钻　中心钻（见图 1-45）主要用于钻中心孔，也可用于麻花钻钻孔前预钻定心孔；定心钻（见图 1-46）主要用于麻花钻钻孔前预钻定心孔，也可用于孔口倒角，α 主要有 90° 和 120° 两种。

2. 镗刀

在机床上用镗刀对大、中型孔进行半精加工和精加工称为镗孔。镗孔的尺寸精度一般可达 IT7~IT10。镗刀种类很多，按切削刃数量可分为单刃镗刀和双刃镗刀。

（1）单刃镗刀　单刃镗刀（见图 1-47）可用于镗削通孔、阶梯孔和不通孔。单刃镗刀只有一个刀片，使用时用螺钉装夹到镗杆上。垂直安装的刀片镗通孔，倾斜安装的刀片镗不通孔或阶梯孔。

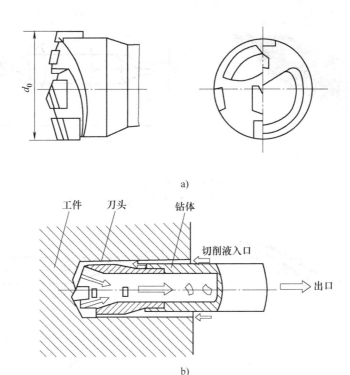

a)

b)

图 1-43　内排屑深孔钻
a) 钻头结构　b) 工作原理

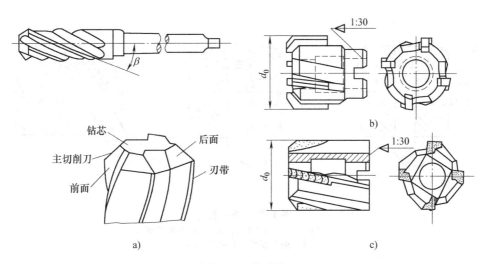

a)　　　　　　　　　　　　　　　c)

图 1-44　扩孔钻
a) 锥柄式高速钢扩孔钻　b) 套式高速钢扩孔钻　c) 套式硬质合金扩孔钻

　　单刃镗刀刚性差，切削时易引起振动，为减小径向力，宜选较大的主偏角。镗铸铁孔或精镗时，常取 $\kappa_r = 90°$；粗镗钢件孔时，为提高刀具寿命，一般取 $\kappa_r = 60° \sim 75°$。单刃镗刀结构简单，适应性较广，通过调整镗刀片的悬伸长度即可镗出不同直径的孔，粗、精加工都适用；但单刃镗刀调整麻烦，效率低，对工人操作技术要求高，只能用于单件小批量生产的场合。

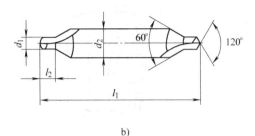

a)　　　　　　　　　　　　　b)

图 1-45　中心钻
a）实物图　b）结构示意图

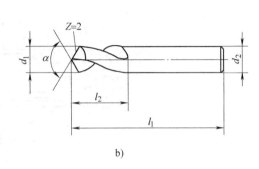

a)　　　　　　　　　　　　　b)

图 1-46　定心钻
a）实物图　b）结构示意图

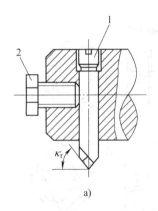
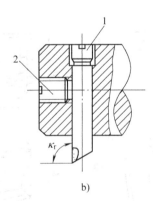
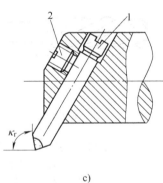

a)　　　　　　　　　　b)　　　　　　　　　　c)

图 1-47　单刃镗刀
a）通孔镗刀　b）阶梯孔镗刀　c）不通孔镗刀
1—调节螺钉　2—紧固螺钉

（2）微调镗刀　加工中心上较多地选用微调镗刀进行孔的精镗。如图 1-48 所示，这种镗刀的径向尺寸可以在一定范围内进行微调，调节方便且精度高。调整尺寸时，只要转动螺母 5，与它相配合的螺杆（即刀头）就会沿其轴线方向移动。尺寸调整好后，将螺杆尾部的螺钉 4 紧固，即可使用。

（3）双刃镗刀　镗削大直径的孔可选图 1-49 所示的双刃镗刀。双刃镗刀有两个对称的切削刃同时工作，也称为镗刀块（定尺寸刀具）。双刃镗刀的头部可以在较大范围内进行调整，且调整方便，最大镗孔直径可达 1000mm。切削时两个对称切削刃同时参加切削，不

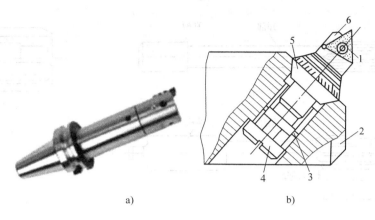

图 1-48　微调镗刀
a）实物图　b）结构示意图
1—刀片　2—镗刀杆　3—导向块　4—螺钉　5—螺母　6—刀块

仅可以消除切削力对镗杆的影响，而且切削效率高。双刃镗刀刚性好，容屑空间大，两径向力抵消，不易引起振动，加工精度高，可获得较好的表面质量，适用于大批量生产。

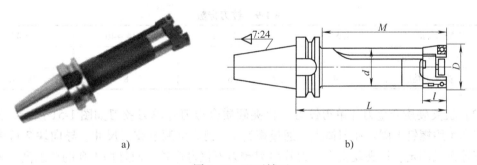

图 1-49　双刃镗刀
a）实物图　b）结构示意图

3. 铰刀

铰孔是用铰刀对孔进行精加工的方法。铰孔往往作为中小孔钻、扩后的精加工，也可用于磨孔或研孔前的预加工。铰孔只能提高孔的尺寸精度和形状精度，减小其表面粗糙度值，不能提高孔的位置精度，也不能纠正孔的轴线歪斜。一般铰孔的尺寸精度可达 IT7～IT9，表面粗糙度 Ra 值可达 $1.6～0.8\mu m$。

铰孔质量除与正确选择铰削用量、冷却润滑液有关外，铰刀的选择也至关重要。在加工中心上铰孔时，除使用普通标准铰刀外，还常采用机夹硬质合金刀片单刃铰刀和浮动铰刀等。

（1）普通标准铰刀　如图 1-50 所示，普通标准铰刀有直柄、锥柄和套式三种。锥柄铰刀直径为 $\phi10～\phi32mm$，直柄铰刀直径为 $\phi6～\phi20mm$，小孔直柄铰刀直径为 $\phi1～\phi6mm$，套式铰刀直径为 $\phi25～\phi80mm$。

铰刀的工作部分包括切削部分与校准部分。切削部分为锥形，担负主要切削工作；校准部分起导向、校正孔径和修光孔壁的作用。

标准铰刀有 4～12 齿。铰刀的齿数除与铰刀直径有关外，主要应根据加工精度的要求选

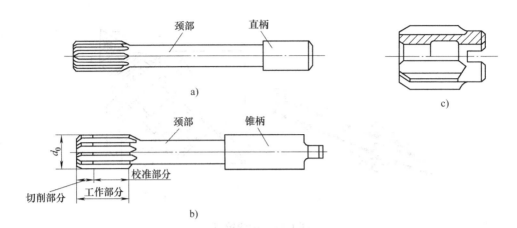

图 1-50　普通标准铰刀
a）直柄铰刀　b）锥柄铰刀　c）套式铰刀

择。齿数多，导向好，齿间容屑槽小，心部粗，刚性好，铰孔获得的精度较高；齿数少，铰削时稳定性差，刀齿负荷大，容易产生形状误差。铰刀齿数选择可参照表1-9。

表 1-9　铰刀齿数

铰刀直径/mm		1.5～3	>3～14	>14～40	>40
齿数	一般加工精度	4	4	6	8
	高加工精度	4	6	8	10～12

（2）机夹硬质合金刀片单刃铰刀　机夹硬质合金刀片单刃铰刀如图 1-51 所示，刀片 3 通过楔套 4 用螺钉 1 固定在刀体上，通过螺钉 7、销 6 可调节铰刀尺寸。导向块 2 可采用粘结和铜焊方式固定。机夹硬质合金刀片单刃铰刀不仅寿命长，而且加工孔的精度高，表面粗糙度 Ra 值可达 $0.7\mu m$。对于有内冷却通道的单刃铰刀，允许切削速度达 $80m/min$。

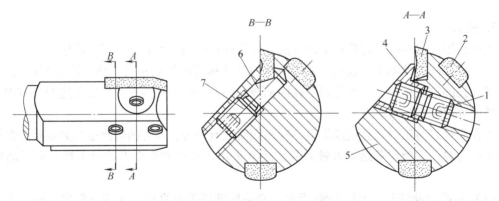

图 1-51　机夹硬质合金刀片单刃铰刀
1、7—螺钉　2—导向块　3—刀片　4—楔套　5—刀体　6—销

（3）浮动铰刀　图 1-52 所示为加工中心上使用的浮动铰刀。这种铰刀不仅能保证换刀和进刀过程中刀具的稳定性，刀片不会从刀杆的长方形孔中滑出，而且还能通过自由浮动而准确地"定心"。由于浮动铰刀有两个对称刃，能自动平衡切削力，在铰削过程中又能自动

补偿因刀具安装误差或刀杆的径向圆跳动而引起的加工误差，因而加工精度稳定。浮动铰刀的寿命比高速钢铰刀高 8～10 倍且具有直径调整的连续性，因此是加工中心所采用的一种比较理想的铰刀。

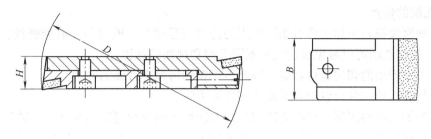

图 1-52　浮动铰刀

4. 锪刀

锪刀主要用于各种材料的锪台阶孔、锪平面、孔口倒角等工序，常用的锪刀有平底型、锥型及复合型等，如图 1-53 所示。

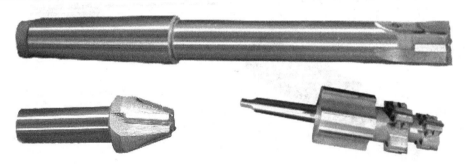

图 1-53　锪刀

5. 机用丝锥

机用丝锥（见图 1-54）主要用于加工 M6～M20 的螺纹孔。从原理上讲，丝锥就是将外螺纹做成刀具。

图 1-54　机用丝锥

6. 螺纹铣刀

螺纹铣刀有圆柱螺纹铣刀、机夹螺纹铣刀及组合式多工位专用螺纹镗铣刀等形式，如图 1-55 所示。

圆柱螺纹铣刀的螺纹切削刃与丝锥不同，刀具上无螺旋升程，加工中的螺旋升程靠机床运动实现。由于这种特殊结构，该刀具既可加工右旋螺纹，也可加工左旋螺纹，但不适用于较大螺距螺纹的加工。

机夹螺纹铣刀适用于较大直径（如 $D > 25mm$）螺纹的加工。其特点是刀片易于制造，价格较低，有的螺纹刀片可双面切削，但抗冲击性能较整体螺纹铣刀稍差。因此，该刀具常用于加工铝合金材料。

组合式多工位专用螺纹镗铣刀的特点是一刀多刃,一次完成多工位加工,可节省换刀等辅助时间,显著提高生产率。

螺纹铣削的优点:

1)一把螺纹铣刀可加工具有相同螺距的任意直径螺纹,既可加工右旋螺纹,也可加工左旋螺纹,螺纹铣削可以避免采购大量不同类型和规格的丝锥。

2)加工中产生的切屑是短切屑,因此不存在切屑处理方面的问题。

3)刀具破损的部分可以很容易地从零件中去除。

4)不受加工材料限制,那些无法用传统方法加工的材料可以用螺纹铣刀进行加工。

5)采用螺纹铣刀,可以按所需公差要求加工,螺纹尺寸是由加工循环控制的。

6)与丝锥攻螺纹相比,螺纹铣削可以采用更高的切削速度和进给量,极大地提高了生产率。

图 1-55 螺纹铣刀

九、对刀及对刀点和换刀点的确定

(一)对刀点和换刀点的确定

对刀点和换刀点的确定,是数控加工工艺分析的重要内容之一。对刀点是在数控机床上加工工件时,刀具相对工件运动的起点。由于程序也从该点开始执行,所以对刀点又称为起刀点或程序起点。对刀点选定后,即确定了机床坐标系与工件坐标系之间的相互位置关系。

进行数控加工编程时,刀具在机床上的位置由刀位点的位置来表示。刀位点是刀具上代表刀具位置的参照点。不同的刀具,刀位点不同。车刀、镗刀的刀位点是指其刀尖,立铣刀、面铣刀的刀位点是刀具底面与刀具轴线的交点,球头铣刀的刀位点是指球头铣刀的球心。所谓对刀,是指加工开始前,将刀具移动到指定的对刀点上,使刀具的刀位点与对刀点重合。

对刀点的选定原则如下:

1)便于数学处理和编制程序。

2)容易在机床上找正。

3)加工过程中检查方便、可靠。

4）引起的加工误差小。

对刀点可以设置在被加工工件上，也可以设置在夹具上，但必须与工件的定位基准有一定的坐标尺寸联系，这样才能确定机床坐标系与工件坐标系的相互关系。为了提高工件的加工精度，对刀点应尽量选在工件的设计基准或工艺基准上。对于以孔定位的工件，可以取孔的中心作为对刀点。车削加工则通常将对刀点设在工件外端面的中心上。当工件上没有合适的部位用来对刀时，也可以以加工出的工艺孔来对刀。成批生产时，为减少多次对刀带来的误差，常将对刀点作为程序的起点，同时也作为程序的终点。

换刀点则是指加工过程中需要换刀时刀具的相对位置点。对数控车床、数控铣床、加工中心等多刀加工数控机床，加工过程中需要进行换刀，故编程时应考虑设置一个换刀位置（即换刀点）。换刀点往往设在工件的外部，以能顺利换刀、不碰撞工件及机床上其他部件为原则。如在铣床上，常以机床参考点为换刀点；在加工中心上，以换刀机械手的固定位置点为换刀点；在车床上则以刀架远离工件的行程极限点为换刀点。选取的这些点，都是便于计算的相对固定点。

（二）对刀方法

对刀的准确程度将直接影响加工精度。因此，对刀操作一定要仔细，对刀方法应同零件加工精度要求相适应，生产中常使用百分表、寻边器和对刀仪对刀。

数控铣削加工常用的对刀方法如下：

（1）机内对刀　数控铣床在设定工件坐标系和设置刀具长度补偿值时可使用机内对刀。其基本原理为：先设定标准刀具，将标准刀具的 Z 向轻微接触工件上表面后坐标置零。更换其他刀具接触同一表面，通过机床的刀具参数设置功能和坐标值显示，计算并输入刀具补偿量，再根据试切加工情况修正误差。具体操作步骤与数控机床类型有关。

（2）机外对刀　机外对刀采用对刀仪对刀，对刀仪有手动对刀仪和自动对刀仪两大类，主要目的都是确定刀具的长度尺寸及直径尺寸，以完成对刀。由于采用机外对刀，省去了在数控机床上的对刀时间，能有效地提高数控机床的使用率，尤其是自动对刀系统，对刀精度和效率都很高，如近年来发展很快的激光对刀系统，能够在间隔长达 5m 的情况下实现高重复精度的对刀操作。根据间隔不同，在激光光束所及的任何选定点，可测量直径小至 0.2mm 的刀具，并可对小至 0.1mm 的刀具进行破损检测。因此，随着数控机床的普及，自动对刀仪必将会更广泛地被采用。

十、数控加工工艺文件的编制

编写数控加工工艺文件是数控加工工艺设计的内容之一。数控加工工艺文件既是数控加工、产品验收的依据，又是操作者要遵守、执行的规程，同时还为产品重复生产积累必要的工艺资料，进行技术储备。

不同的数控机床，数控加工工艺文件的内容也有所不同。一般来说，数控加工工艺文件主要包括数控加工工序卡、数控机床调整卡、数控加工刀具卡、数控加工进给路线图和数控加工程序单等，其中，以数控加工工序卡和数控加工刀具卡最为重要。前者是说明数控加工顺序和加工要素的文件，后者是刀具使用的依据。

（一）数控加工工序卡

数控加工工序卡既是编制数控加工程序的主要依据，又是操作人员配合数控加工程序进行数控加工的主要指导性文件。它主要包括：工步顺序、工步内容、各工步所用刀具及切削用量等。当工序加工内容十分复杂时，也可把工序简图画在工序卡上，并应在工序简图中注明编程原点与对刀点。不同的数控机床，其工序卡的格式也不同。

（二）数控加工刀具卡

数控加工刀具卡是组装刀具和调整刀具的依据，主要包括刀具号、刀具名称、刀柄型号、刀具的直径和长度等内容。

（三）数控加工进给路线图

进给路线主要反映加工过程中刀具的运动轨迹，其作用一方面是方便编程人员编程；另一方面是帮助操作人员了解刀具的进给轨迹，以便确定夹紧位置和夹紧元件的高度。

目前，数控加工工艺文件尚未制定统一的国家标准，各企业可根据本单位的特点制定有关数控加工工艺文件。其参考格式见表1-10和表1-11。

表1-10　数控加工工序卡

×××厂	数控加工工序卡		产品名称或代号		零件名称	零件图号
工艺序号	程序编号	夹具名称	夹具编号		使用设备	车间
工步号	工步内容		加工面	刀具名称	刀具规格	主轴转速	进给速度	背吃刀量	备注

工步号	工步内容	加工面	刀具名称	刀具规格	主轴转速	进给速度	背吃刀量	备注
1								
2								
3								
4								
5								
6								

编制		审核		批准		年　月　日	共　页　第　页

表1-11　数控加工刀具卡

产品名称或代号		零件名称		零件图号	
序号	刀具号	刀具名称及规格	数量	加工表面	备注
1	T01				
2	T02				
3	T03				
4	T04				
5	T05				
6	T06				

编制		审核		批准		年　月　日	共　页　第　页

项目三 典型结构和零件的数控铣削加工工艺设计

【预期学习成果】

1. 单项训练

能进行单一轮廓（如平面、平面轮廓、腔、槽、孔等）的工艺设计，具体成果如下：

1）能合理选择刀具（类型、材料、直径、长度、几何角度等）。

2）能合理设计刀具切入、切出路线。

3）能合理设计切削路线（走刀路线）。

4）能选择合适的切削用量。

2. 综合训练

能编制箱体类、箱盖类、盘类、套类等类型零件的数控加工工艺，具体成果如下：

1）能选择合适的夹具装夹工件。

2）能合理划分加工阶段、加工工序。

3）能合理选择刀具。

4）能合理设计刀具切入、切出路线。

5）能合理设计切削路线。

6）能选择合适的切削用量。

7）能编制数控加工工艺文件。

一、平面铣削工艺设计

（一）平面铣削加工需要考虑的几个问题

平面铣削是控制加工工件高度的加工。平面铣削通常使用的切削刀具是面铣刀，为多齿刀具。但在小面积范围内有时也使用立铣刀进行平面铣削，面铣刀加工垂直于它的轴线的工件上表面。

在 CNC 编程中，平面铣削需要考虑三个问题：刀具直径的选择；铣削中刀具相对于工件的位置；刀具的刀齿。

1. 铣刀直径的选择

平面铣削最重要的一点是对面铣刀直径尺寸的选择。对于单次平面铣削，平面铣刀最理想的宽度应为材料宽度的 1.3～1.6 倍，可以保证切屑较好地形成和排出。如需切削的宽度为 80mm，那么选用直径 120mm 的面铣刀比较合适。

对于面积过大的平面，由于受到多种因素的限制，如考虑到机床功率、刀具和可转位刀片几何尺寸、安装刚度、每次切削的深度和宽度以及其他加工因素，面铣刀刀具直径不可能比平面宽度更大时，宜多次铣削平面。

应尽量避免面铣刀刀具的全部刀齿参与铣削，即应尽量避免对宽度等于或稍微大于刀具直径的工件进行平面铣削。面铣刀整个宽度全部参与铣削（全齿铣削）会迅速磨损镶刀片的切削刃，并容易使切屑黏结在刀齿上。此外，工件表面质量也会受到影响，严重时会造成镶刀片过早报废，从而增加加工的成本。

2. 铣削中刀具相对于工件的位置

铣削中刀具相对于工件的位置可由面铣刀进入工件材料时的切削切入角来确定。

平面铣刀的切入角由刀心位置相对于工件边缘的位置决定：如果刀具中心位置在工件内（但不跟工件中心重合），切入角为负，如图 1-56a 所示；如果刀具中心位置在工件外，切入角为正，如图 1-56b 所示；刀具中心位置与工件边缘线重合时，切入角为零。

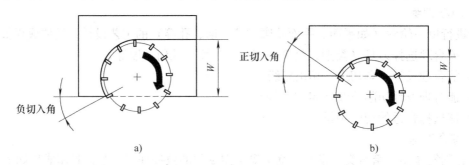

图 1-56 切削切入角（W 为切削宽度）
a）负切入角 b）正切入角

如果工件只需一次切削，应该避免刀具中心轨迹与工件中心线重合。因为刀具中心处于工件中间位置时容易引起振动，从而使加工质量变差，因此刀具轨迹应偏离工件中心线。

应该避免刀具中心线与工件边缘线重合。因为当刀具中心轨迹与工件边缘线重合时，切削镶刀片进入工件材料时的冲击力最大。

使用负切入角是首选的方法，即应尽量让面铣刀中心在工件区域内。如果切入角为正，刚刚切入工件时，刀片相对工件材料冲击速度大，引起的碰撞力也较大。所以正切入角容易使刀具破损或产生缺口。因此，拟定刀具中心轨迹时，应避免正切入角的产生。

使用负切入角时，已切入工件材料的镶刀片承受最大切削力，而刚切入（撞入）工件的刀片将受力较小，引起的碰撞力也较小，从而可延长镶刀片寿命，且引起的振动也小一些。

3. 刀具的刀齿

CNC 加工中，典型的面铣刀为具有可互换的硬质合金可转位刀片的多齿刀具。平面铣削加工中并不是所有的镶刀片都同时参与加工，每一可转位刀片只在主轴旋转一周内的部分时间中参与工作，这种断续切削的特点与刀具寿命有重要的关系。可转位刀片的几何角度、切削刀片的数量都会对面铣加工产生重要的影响。

平面铣刀为多齿刀具，刀具可转位刀片数量与刀具有效直径之间的关系通常称为刀齿密度或刀具节距。

根据刀齿密度，可将常见的平面铣刀分为小密度、中密度和大密度三类。

小密度类型的刀具最为常见，应用面较广。密齿铣刀因为镶刀片密度过大，同时进入工件的刀片较多，所需的机床功率较大，而且不一定能保证足够的切削间隙，这样切屑就不能及时排出，因此密齿铣刀主要用在切屑量小的精加工场合。此外，选择刀齿密度时还要保证在任何时刻都能至少有一个刀片正在切削材料，这样可避免由于突然中断切削引起冲击而对刀具或机床造成损坏，使用大直径平面铣刀加工小宽度工件时尤其要注意这种情况。

（二）平面铣削的刀具路线设计

单次平面铣削的一般规则同样也适用于多次铣削。由于平面铣刀的直径通常太小而不能一次切除较大区域内的所有材料，因此在同一深度需要多次切削。

铣削大平面时，分多次铣削的切削路线有如图 1-57 所示的几种，每一种方法在特定环境下都具有各自的优点。最为常见的方法为同一深度上的单向多次切削和双向往复切削。

单向多次切削时，切削起点在工件的同一侧，另一侧为终点的位置，每完成一次切削后，刀具从工件上方回到切削起点的同一侧，如图 1-57a、b 所示，这是平面铣削中常见的方法。频繁的快速返回运动导致效率很低，但能保证面铣刀的切削总是顺铣。

双向往复切削也称为 Z 形切削，如图 1-57c、d 所示，其应用也很广泛。双向往复切削的效率比单向多次切削要高，但铣削时刀具要在顺铣和逆铣间反复切换，在精铣平面时会影响加工质量，因此平面质量要求高的平面精铣通常并不使用这种切削路线。

图 1-57 所示均为沿 X 向逐步进刀切完整个平面，沿 Y 向逐步进刀的原理和此一样。

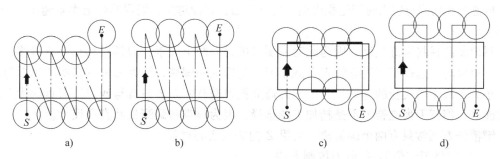

图 1-57　平面铣削的多次切削路线
a）粗加工　b）精加工　c）粗加工　d）精加工

二、轮廓铣削工艺设计

铣削平面零件内、外轮廓时，一般用立铣刀侧刃进行切削。轮廓加工一般根据工件轮廓的坐标来编程，而用刀具半径补偿的方法使刀具向工件轮廓一侧偏移，以切削形成准确的轮廓轨迹。如果要实现粗、精加工，也可以用同一程序段，通过改变刀具半径补偿值来实现粗加工和精加工。切削工件的外轮廓时，刀具切入和切出时要注意避让夹具，并使切入点的位置和方向尽可能是切削轮廓的切线方向，以利于刀具切入时受力平稳；切削工件的内轮廓时，更要合理选择切入点、切入方向和下刀位置，避免刀具碰到工件上不该切削的部位。

（一）立铣刀的尺寸

数控加工中，必须考虑立铣刀的直径、长度和螺旋槽长度等因素对切削加工的影响。

数控加工中，立铣刀的直径必须非常精确，立铣刀的直径包括名义直径和实测的直径。名义直径为刀具厂商给出的值，实测的直径是精加工用作半径补偿的半径补偿值。CNC 工作中必须区别对待非标准直径尺寸的刀具。例如重新刃磨过的刀具，即使用实测的直径作为刀具半径偏置值，也不宜将它用在精度要求较高的精加工中。立铣刀铣削周边轮廓（如盘类零件）时，所用的立铣刀的刀具半径一定要小于零件内轮廓的最小曲率半径，一般取最小曲率半径的 0.8 ~ 0.9 倍（轮廓粗加工刀具可不受此限）。另外，直径大的刀具比直径小的刀具的抗弯强度大，加工中不容易引起受力弯曲和振动。

刀具从主轴伸出的长度和立铣刀从刀柄夹持工具的工作部分中伸出的长度也值得认真考虑，立铣刀的长度越长，抗弯强度越小，受力弯曲程度越大，这将会影响加工的质量，并容易产生振动，加速切削刃的磨损。

不管刀具总长如何，螺旋槽长度（1.5D 左右）决定切削的最大深度。实际应用中一般让 Z 方向的背吃刀量不超过刀具的半径；直径较小的立铣刀，一般可选择刀具直径的 1/3 作为背吃刀量。

（二）刀齿数量

选择立铣刀时，尤其加工中等硬度工件材料时，对刀齿数量的考虑应引起重视。

小直径或中等直径的立铣刀，通常有两个、三个、四个或更多的刀齿。被加工工件材料类型和加工的性质往往是选择刀齿数量的决定因素。

加工塑性大的工件材料（如铝、镁等）时，为避免产生积屑瘤，常用刀齿少的立铣刀，如两齿（两个螺旋槽）的立铣刀。一方面，立铣刀刀齿越少，螺旋槽之间的容屑空间就越大，可避免在切削量较大时产生积屑瘤；另一方面，刀齿越少，编程的进给率就越小（$F = f_z \times Z \times n$）。

对较硬的材料刚好相反，因为此时需要考虑另外两个因素：刀具振动和刀具偏移。在加工脆性材料时，选择多刀齿立铣刀会减小刀具的振动和偏移，因为刀齿越多切削越平稳。

小直径或中等直径的立铣刀，如三刀齿立铣刀兼有两刀齿刀具与四刀齿刀具的优点，加工性能好，但三刀齿立铣刀不是精加工的选择，因为很难精确测量其直径尺寸。

键槽铣刀通常只有两个螺旋槽，可沿 Z 向切入实心材料。

（三）立铣刀切削的进/退刀控制方法

立铣刀切削的进/退刀方式有两种：垂直方向进刀（常称为下刀）和退刀以及水平方向进刀和退刀。

1. 垂直方向切入工件的进/退刀方式

数控编程软件通常有三种垂直方向（即深度方向）进刀的方式：一是直接垂直向下进刀方式，二是斜线轨迹进刀方式（如图 1-58 所示），三是螺旋轨迹进刀方式。

1) 直接垂直向下进刀 加工实心材料时只能用具有垂直吃刀能力的键槽铣刀，如较深型腔、封闭槽或其他实心材料的切入。值得注意的是，并不是所有立铣刀都可以进行这种操作，对于其他的立铣刀只能在很小的切削深度时才能直接垂直向下进刀。大多数立铣刀和所有的面铣刀均不能采用直接垂直向下进刀方式切削。

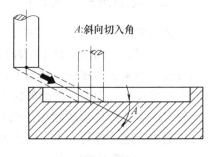

图 1-58 斜线轨迹进刀方式

所有的立铣刀在非切削状态（即切削工件前刀具快速接近工件时）的进刀均可使用直接进刀方式，但应特别注意刀具与工件的安全间隙，在任何时候都不允许刀具以快速运动的速度碰到工件。

2) 斜线进刀及螺旋进刀 斜线进刀及螺旋进刀都是靠铣刀的侧刃逐渐向下铣削而实现向下进刀的，这两种进刀方式可用于端部切削能力较弱的面铣刀（如最常用的可转位硬质合金铣刀）的向下进给。同时斜线或螺旋进刀可以改善进刀时的切削状态，保持较高的速度和较低的切削负荷。

斜向切入同时使用 Z 轴和 X 轴（或 Y 轴）进给，进刀斜角角度随着立铣刀直径的不同而不同，如 $\phi25\text{mm}$ 刀具的常见进刀斜角为 $25°$，$\phi50\text{mm}$ 刀具的常见进刀斜角为 $8°$，$\phi100\text{mm}$ 刀具的进刀斜角为 $3°$。这种切入方法适用于平底、球头和 R 形立铣刀。小于 $\phi20\text{mm}$ 的刀具要使用较小的进刀角度，一般为 $3° \sim 10°$。

用 CAM 软件加工编程时，对进刀及退刀有较详尽的设置，包括有安全距离、方式、抬刀方式及自动进/退刀的参数设置，如螺旋角度或倾斜角度、螺旋半径或斜线长度等。

2. 水平方向进/退刀方式

为了改善铣刀开始接触工件和离开工件表面时的状况，数控编程时一般要设置刀具接近工件和离开工件表面时的特殊运行轨迹，以避免刀具直接与工件表面相撞和保护已加工表面。水平方向进/退刀方式分为直线与圆弧两种方式，分别需要设定切削路线长度和切削圆弧半径。

精加工内外轮廓时，刀具切入工件时，均应尽量避免沿工件轮廓的法向切入和切出，而应沿切削起始点延伸线（见图 1-59a）或切线方向（见图 1-59b）逐渐切入工件，以避免在工件轮廓切入处产生刻痕，保证工件表面平滑过渡。同理，在刀具离开工件时，也应避免在工件的切削终点处直接抬刀（此时抬刀有可能造成欠切），而要沿着切削终点延伸线或切线方向逐渐切离零件。铣削封闭的内轮廓表面时，因内轮廓曲线不允许外延，刀具可以沿一过渡圆弧切入和切出工件轮廓。如图 1-60 所示，若刀具从工件坐标原点出发，其加工路线为 $1\rightarrow2\rightarrow3\rightarrow4\rightarrow5$，这样，可提高内轮廓表面的加工精度和质量。

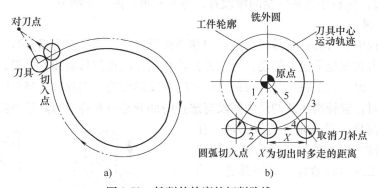

图 1-59　铣削外轮廓的切削路线
a）沿轮廓延伸线切入切出　b）沿轮廓切线切入切出

粗加工轮廓时，为了简化计算，允许从其他方向（通常为轮廓法向）进/退刀。

（四）刀具 Z 向高度设置

1. 起止高度

起止高度是指进/退刀的初始高度。在程序开始时，刀具将先到达这一高度，同时在程序结束后，刀具也将退回到这一高度。起止高度应大于或等于安全高度，安全高度也称为提刀高度，是为了避免刀具碰撞工件而设定的高度，在铣削过程中，刀具需要转移位置时将退到这一高度再进行快速运动到下一进刀位置，安全高度值一般情况下应大于零件的最大高度（即高于零件的最高表面）。图 1-61 所示为切削过程示意图。

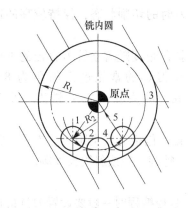

图 1-60 铣削内轮廓的切削路线

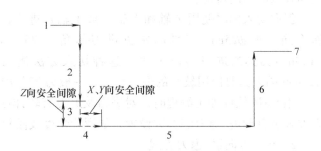

图 1-61 切削过程示意图
1—起止高度 2—快速进给 3—慢速进给 4—初始切削
5—切削 6—抬刀 7—安全高度

2. 安全间隙

数控加工时，刀具一般先快速进给到工件外的某一点，然后再以切削进给速度到加工位置，该点到工件表面的距离称为安全间隙，Z 向距离称为 Z 向安全间隙，侧向距离称为 X、Y 向安全间隙（见图 1-61）。如果安全间隙过小，刀具有可能以快速进给的速度碰到工件，但也不要设得太大，因为太长的慢速进给距离将影响加工效率。在设定安全间隙时，应充分估计到毛坯余量的不稳定性和可能的刀具尺寸误差，一般在加工中小尺寸零件时，Z 向和 X、Y 向安全间隙设为 5mm 左右是可行的，而加工较大尺寸零件时，安全间隙设为 10 ~ 15mm 左右即可。编程中注意安全间隙设置，是非常重要的一个细节。

3. 抬刀控制

在加工过程中，刀具有时需要在两点间移动而不切削。当设定为提刀时，刀具将先提高到安全平面，再在安全平面上移动；否则刀具将直接在两点间移动而不提刀，直接移动可以节省抬刀时间，但前提是在刀具移动路径中不能有障碍结构。编程中，当分区域选择加工面并分区域加工时，应特别注意的是中间没有选择的部分是否有高于刀具移动路线的部分，有则抬刀到安全高度，没有则可直接移动。在粗加工时，对较大面积的加工通常建议使用抬刀，以便加工时可以暂停，对刀具进行检查。

（五）切削方向

切削方向有两种模式：顺铣和逆铣，图 1-62 所示为主轴正转时的顺铣和逆铣的指令应用。

在指令 M03 功能下，主轴为顺时针旋转，使用 G41 指令，刀具半径将偏置到工件

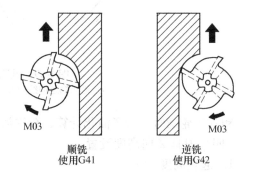

图 1-62 主轴正转时的顺铣和逆铣的指令应用

左侧，则刀具为顺铣模式。相反，如果使用 G42 指令，偏置到工件右侧，则刀具为逆铣模式。大多数情况下，尤其在精加工操作中，顺铣模式都是圆周铣削中较好的模式。

（六）轮廓加工工艺设计举例

工件毛坯为 $\phi85\text{mm} \times 30\text{mm}$ 的圆柱件，材料为铝合金，加工上部轮廓后形成如图 1-63 所示的凸台。

1. 零件图的分析

该工件的材料为铝合金，切削性能较好，加工部分凸台的精度要求不高，可以按照图样标注的基本尺寸进行编程，一次铣削完成。

2. 加工方案和刀具选择

由于凸台的高度是 5mm，工件轮廓外的切削余量不均匀，根据粗略计算，选用 $\phi20\text{mm}$ 的可转位圆柱形两齿直柄铣刀一次铣削成形凸台轮廓。

3. 切削用量的选择

查表 1-1，v_c 为 $300 \sim 600\text{m/min}$，f_z 为 $0.15 \sim 0.4\text{mm/r}$，综合分析工件的材料和硬度、加工的精度要求、刀具的材料和寿命、使用切削液等因素，取 $v_c = 300\text{m/min}$，$f_z = 0.3\text{mm/r}$；主轴转速 $n = v_c \times 1000/\pi D \approx 4774\text{r/min}$，有些刚性较差的机床可能不能在此转速下正常工作，结合机床的刚度综合考虑取 $v_c = 1000\text{r/min}$；

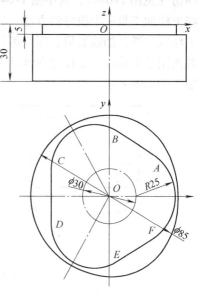

图 1-63　轮廓加工

进给速度 $F = f_z \times Z \times n = 600\text{mm/min}$，结合机床的刚度综合考虑取进给速度 F 为 300mm/min 左右即可。

4. 工件的安装

本例工件毛坯的外形是圆柱形，为使工件定位和装夹准确可靠，选择两块 V 形块和平口钳来装夹。

5. 水平面进/退刀

在图 1-63 中的 A、B、C、D、E、F 点或轮廓上的其他点选一点切向切入和切出。

三、型腔加工工艺设计

（一）型腔铣削加工的方法

型腔铣削也是数控铣床、加工中心中常见的一种加工。型腔铣削需要在边界线确定的一个封闭区域内去除材料，该区域由侧壁和底面围成，侧壁可以是直壁面、斜面或曲面，底面可以是平面、斜面或曲面，型腔内部可以全空或有岛屿。对于形状比较复杂的型腔则需要使用计算机辅助（CAM）编程。型腔铣削（手工）编程时需要考虑两个重要因素：刀具切入方法和粗加工切削路线设计。

型腔铣削采用的刀具一般有键槽铣刀和普通立铣刀，键槽铣刀可以直接沿 Z 向切入工件，普通立铣刀不宜直接沿 Z 向切入工件。用普通立铣刀加工型腔时有两种方法可供选择：一是先用钻头预钻孔，然后立铣刀通过预钻孔垂向切入；二是可以选择斜向切入或螺旋切入的方法，但注意切入的位置和角度的选择应适当。

型腔的加工分粗加工和精加工，先用粗加工切除大部分材料，粗加工一般不可能都在顺铣模式下进行，也不可能保证给精加工留的余量在所有地方都完全均匀。所以在精加工之前通常要进行半精加工。这种情况下可能要使用多把刀具。

常见的型腔粗加工路线有：行切法（见图 1-64a）、环切法（见图 1-64b）和先行切后环切（见图 1-64c）。其中图 1-64c 所示的把行切法和环切法结合起来用一把刀进行粗加工和半精加工是一个很好的方法，因为它集中了两者的优点。CAM 编程中还有其他的型腔加工路线选择，如螺旋形，用户可以选择指定切削角度，选择切入点和精加工余量，这些方法若使用手工编程，工作量非常巨大。下面以最简单的矩形型腔加工的手动编程举例说明型腔加工的基本方法。

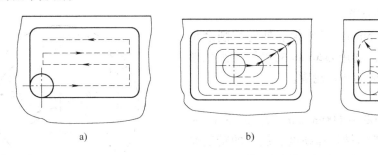

图 1-64 型腔粗加工三种路线

a) 行切法 b) 环切法 c) 先行切后环切

（二）矩形型腔的加工工艺设计

以图 1-65 所示矩形型腔为例对型腔加工方法进行讨论。

1. 刀具选择

零件图中矩形型腔的四个角都有圆角，圆角的半径限定精加工刀具的半径选择，所用精加工刀具的半径必须不大于圆角的半径。

本例中圆角为 $R = 4mm$，粗加工时可使用 $\phi 8mm$ 或更大的键槽铣刀（中心切削立铣刀），但精加工中刀具半径应略小于圆角半径，以使

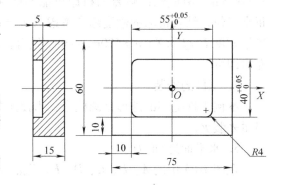

图 1-65 矩形型腔零件图

刀具真正的切削而不是摩擦圆角，选用 $\phi 6mm$ 的立铣刀作为精加工刀具比较合理。因此确定粗加工刀具直径 $\phi 8mm$，精加工刀具直径 $\phi 6mm$。

2. 切入方法、切入点和粗加工路线的确定

由于必须切除封闭区域内的所有材料（包括底部），所以一定要考虑刀具能否通过垂直切入或斜向切入到达所需深度的切入点位置。斜向插入必须在空隙位置进行，但垂直切入几乎可以在任何地方进行。切入点有两个位置比较实用：型腔中心、型腔拐角圆心。本例中选择从型腔拐角开始的方法，选择左下角的型腔拐角圆心作为开始点。

粗加工时，刀具运动采用 Z 字形行切路线，即在一次切削中使用顺铣模式，而另一次切削中使用逆铣模式，计算比较简单。并接着在不抬刀的情况下环绕一周进行半精加工。最后采用环切法进行精加工。

3. 工件零点的确定

工件轮廓 X、Y 向对称，程序中可选用型腔中心作为 X、Y 向的工件零点。假设上表面已经过精加工，可选工件上表面为 Z 向零点，当然也可选择工件下表面作为 Z 向零点。

4. 加工方法及余量分析

如前所述，粗加工让刀具沿 Z 字形路线在封闭区域内来回运动是一种高效的粗加工方法，Z 字形路线粗加工通常选择型腔的拐角圆心为刀具起点位置。

粗加工刀具沿 Z 字形路线来回运动在加工表面上留下扇形残留余量，这些扇形残留余量是随后加工的最大障碍，此时不宜立即进行精加工，因为切削不均匀余量时很难保证公差和表面质量。为了避免后面可能出现的加工问题，需要加一道半精加工操作，其目的是消除扇形残留余量。如图 1-66 所示，从粗加工最后的位置接着开始半精加工，刀具路径环绕一周，得到均匀的精加工余量。

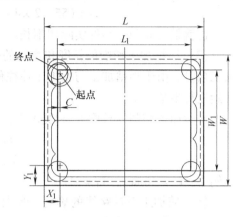

图 1-66　半精加工得到均匀的精加工余量

型腔粗加工留下的加工余量，包括精加工余量和半精加工余量。对于高硬度材料或使用较小直径的刀具时，通常精加工余量是一个较小的值。本例取精加工余量为 0.5mm。半精加工余量（图 1-66 中的 C 值），主要解决粗加工的扇形残留余量，本例取半精加工余量等于 0.5mm。

5. 刀路设计及计算

（1）Z 形刀路间距值的确定　型腔在粗加工后的实际形状与两次切削之间的间距（通常称为刀路间距）有关，型腔粗加工中的间距（也就是侧吃刀量）与所需切削次数和刀具直径有关，刀路间距通常为刀具直径的 70% ~ 90%，相邻两刀应有一定的重叠部分，最好先对刀路间距值进行估算，选择跟期望的刀路间距相近的值。

切削的次数又与型腔的切削宽度（W）有关，刀路间距要选择合理，最好能保证每次切削的间距相等。可以根据估算的刀路间距值和型腔的切削宽度（W）估算切削次数，然后再精确地计算出刀路间距，如果间距计算值过大或过小，还可以调整切削次数 N 重新计算精确的刀路间距值。计算公式如下：

$$Q \cdot N = (W - 2R_{刀} - 2S - 2C)$$

式中，N 为切削次数；Q 为 Z 形刀路间距，单位为 mm；其他各字母含义如图 1-67 所示。

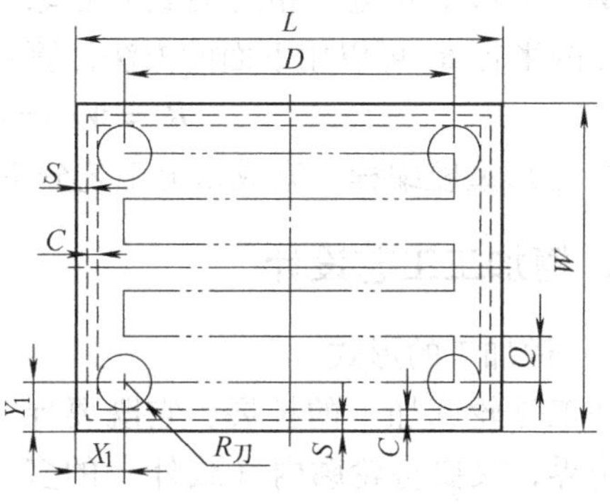

图 1-67　拐角处的型腔粗加工起点—Z 字形方法
X_1—刀具起点的 X 坐标　L—型腔长度　D—实际切削长度
Y_1—刀具起点的 Y 坐标　W—型腔宽度　S—精加工余量
$R_{刀}$—刀具半径　Q—两次切削之间的间距　C—半精加工余量

本例设 5 个等距的间距，因为型腔宽度 W = 40mm，粗加工刀具直径为 ϕ8mm（$R_{刀}$ = 4mm），精加工余量 S = 0.5mm，半精加工余量 C = 0.5mm，因此行间距尺寸为：

$$Q = (40 - 2 \times 4 - 2 \times 0.5 - 2 \times 0.5) \, \text{mm}/5 = 6\text{mm}$$

间距 6mm 为 ϕ8mm 的立铣刀直径的 75%，比较合适。

（2）Z 形刀路切削长度的确定　在进行半精加工前，必须计算每次实际切削长度（即

增量 D），公式为：

$$D = L - 2R_刀 - 2S - 2C$$

本例子中 D 值为：

$$D = (55 - 2 \times 4 - 2 \times 0.5 - 2 \times 0.5)\text{mm} = 45\text{mm}$$

这就是各间距之间的实际切削长度（不使用刀具半径偏置）。

（3）半精加工切削的长度和宽度的确定 半精加工运动的主要目的就是消除不均匀的加工余量。由于半精加工与粗加工往往使用同一把刀具，因此通常从粗加工的最后刀具位置开始进行半精加工。

半精加工切削的长度 L_1 和宽度 W_1 值需要计算得出，可通过下面公式计算：

$$L_1 = L - 2R_刀 - 2S$$
$$W_1 = W - 2R_刀 - 2S$$

本例中：$L_1 = 46\text{mm}$，$W_1 = 31\text{mm}$。

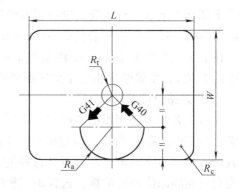

（4）精加工刀具路线的确定 粗加工和半精加工完成后，可以使用 $\phi6\text{mm}$ 的刀具进行精加工并得到最终尺寸。编程时必须使用刀具补偿来保证尺寸公差，并使用适当的主轴转速和进给率保证所需的表面质量，选择轮廓中心点作为加工起点位置。由于刀具半径补偿不能在圆弧插补运动中启动，因此必须添加直线导入和导出运动，引导圆弧半径的计算。图 1-68 所示为矩形型腔的典型精加工刀具路线（起点在型腔中心）。

本例中矩形型腔宽度相对刀具直径较大，切入切出弧的半径 R_a 可以用下面的方法计算：

图 1-68 矩形型腔的典型精加工刀具路线

$$R_a = W/4 = 40\text{mm}/4 = 10\text{mm}$$

（5）矩形型腔编程 完成以上工艺分析和计算后，便可对型腔进行编程了。

四、槽加工工艺设计

（一）槽加工的形式

槽加工是轮廓加工的扩展，它既要保证轮廓边界，又要将轮廓内（或外）的多余材料铣掉，根据图样要求的不同，槽加工通常有如图 1-69 所示的几种形式。其中图 1-69a 为铣掉一个封闭区域内的材料；图 1-69b 为在铣掉一个封闭区域内的材料的同时，要留下中间的凸台（一般称为岛屿）；图 1-69c 为由于岛屿和外轮廓边界的距离小于刀具直径，使加工的槽形成了两个区域，图 1-69d 为要铣掉凸台轮廓外的所有材料。

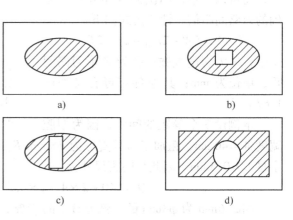

图 1-69 槽加工的常见形式

注意：

1）根据以上特征和要求，对于槽的编程和加工要选择合适的刀具直径，刀具直径太小将影响加工效率，刀具直径太大可能使某些转角处难于切削，或由于岛屿的存在形成不必要的区域。

2）由于圆柱形铣刀垂直切削时受力情况不好，因此要选择合适的刀具类型。一般可选择双刃的键槽铣刀，进刀时的方式可选择斜线进刀或螺旋进刀，以改善进刀切削时刀具的受力情况。

3）同一刀具在一个连续的轮廓上切削时使用一次刀具半径补偿，在另一个连续的轮廓上切削时应重新使用一次刀具半径补偿，以避免过切或留下多余的凸台。

4）切削如图 1-69d 所示的形状时，不宜用图样上所示的外轮廓作为边界，因为将这个轮廓作边界时角上的部分材料可能铣不掉，必须另外再编一段程序铣掉边角余料。

（二）工艺分析及处理

如图 1-70 所示，工件毛坯为 100mm × 80mm × 25mm 的长方体，材料为 45 钢，要加工中间的环形槽。根据零件图分析，要加工的部位是一个环形槽，中间的凸台作为槽的岛屿，外轮廓转角处的半径是 $R = 4$mm，槽较窄处的宽度为 10mm，所以选用直径 ϕ6mm 的直柄键槽铣刀较合适。由于内外轮廓形状一致，粗、精加工均采用环切法。工件安装时可直接用平口钳来装夹。

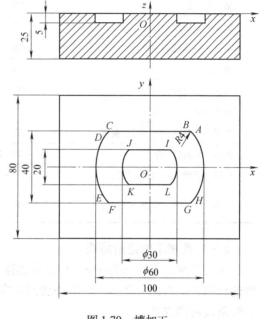

图 1-70　槽加工

五、孔加工工艺设计

（一）孔类零件加工工艺分析

孔加工的特点是刀具在 XY 平面内定位到孔的中心，然后刀具在 Z 方向作一定的切削运动，孔的直径一般由刀具的直径来决定，根据实际选用刀具和编程指令的不同，可以实现钻孔、扩孔、铰孔、镗孔、铣孔、攻螺纹等孔加工的形式。一般来说，较小的孔（一般指直径不大于 ϕ30mm 的孔）可以用钻头一次加工完成，较大的孔（一般指直径大于 ϕ30mm 的孔）可以先钻孔再扩孔，或用镗刀进行镗孔，也可以用铣刀按轮廓加工的方法铣出相应的孔。如果孔的位置精度要求较高，可以先用中心钻或定心钻钻出孔的中心位置。刀具在 Z 方向的切削运动可以用直线插补命令 G01 来实现，但一般都使用钻孔固定循环指令来实现孔的加工。

内螺纹的加工方式根据孔径的大小选择，一般情况下，M6 ~ M20 之间的螺纹孔，采用攻螺纹的方法加工。由于加工中心上攻小直径螺纹时丝锥容易折断，M6 以下的螺纹，可在加工中心上完成底孔加工再通过其他手段攻螺纹。对于 M20 以上的内螺纹，一般用螺纹铣刀铣螺纹，或用螺纹车（镗）刀车（镗）螺纹。

（二）孔加工方案及其经济精度

常见孔加工方案的经济精度见表1-12。

表1-12 常见孔加工方案的经济精度

加工方案	经济精度	表面粗糙度 $Ra(\mu m)$	适用范围
钻	IT11～12	12.5	孔径小于15～20mm
钻→铰	IT9	3.2～1.6	
钻→铰→精铰	IT7～8	1.6～0.8	
钻→扩	IT10～11	12.5～6.3	孔径大于15～20mm，一般不超过30mm
钻→扩→铰	IT8～9	3.2～1.6	
钻→扩→粗铰→精铰	IT7	1.6～0.8	
钻→扩→机铰→手铰	IT6～7	0.4～0.1	
粗镗	IT11～12	12.5～6.3	毛坯有铸出孔或锻出孔
粗镗→半精镗	IT8～9	3.2～1.6	
粗镗→半精镗→精镗	IT7～8	1.6～0.8	
粗镗→半精镗→浮动镗刀精镗	IT6～7	0.8～0.4	
粗镗→半精镗→磨	IT7～8	0.8～0.2	
粗镗→半精镗→粗磨→精磨	IT6～7	0.2～0.1	
粗镗→半精镗→精镗→金刚镗	IT6～7	0.4～0.05	精度要求较高的有色金属

（三）孔加工的进给路线

加工孔时，先将刀具在 XY 平面内迅速、准确地运动到孔中心线位置，然后再沿 Z 向运动进行加工。因此，孔加工进给路线的确定包括在 XY 平面内的进给路线和 Z 向（轴向）的进给路线两项内容。

1. 在 XY 平面内的进给路线

加工孔时，刀具在 XY 平面内为点位运动，因此确定进给路线时主要考虑定位要迅速、准确。例如，加工图1-71a所示的零件，图1-71b所示进给路线比图1-71c所示进给路线节省定位时间。定位准确即要确保孔的位置精度，从同一方向趋近目标可避免受机械进给系统反向间隙的影响，如图1-72所示，按图1-72b所示路线加工，Y 向反向间隙会使误差增加，从而影响3、4孔的位置精度，按图1-72c所示路线加工，可避免反向间隙。

通常定位迅速和定位准确难以同时满足，图1-71b所示是按最短路线进给的，满足了定位迅速的要求，但因不是从同一方向趋近目标的，故难以做到定位准确；图1-72c所示是从同一方向趋近目标位置的，满足了定位准确的要求，但又非最短路线，没有满足定位迅速的要求。因此，在具体加工中应抓主要矛盾，若按最短路线进给能保证位置精度，则取最短路线；反之，应取能保证定位准确的路线。

2. Z 向（轴向）的进给路线

为缩短刀具的空行程时间，Z 向的进给分快进快退（即快速接近和离开工件）和工进（工作进给）。刀具在开始加工前，要快速运动到距待加工表面指定距离（切入距离）的 R 平面上，然后才能以工作进给速度进行切削加工。图1-73a所示为加工单孔时刀具的进给路

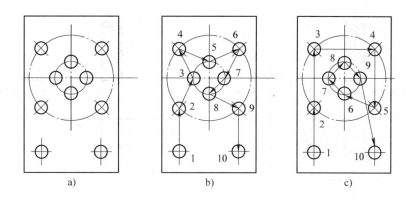

图 1-71　最短进给路线设计

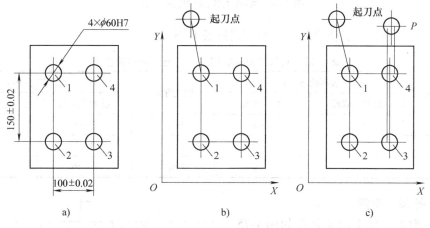

图 1-72　准确定位进给路线设计

线（进给距离）。加工多孔时，为减少刀具空行程时间，加工完前一个孔后，刀具只需退到 R 平面即可，然后快速移动到下一孔位，其进给路线如图 1-73b 所示。

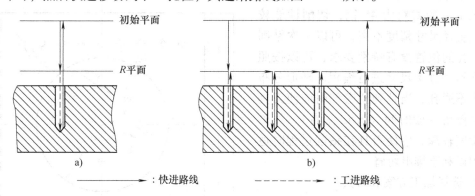

→：快进路线　-------→：工进路线

图 1-73　孔加工刀具 Z 向进给路线

如图 1-74 所示，在工作进给路线中，工进距离 Z_F 除包括被加工孔的深度 H 外，还应包括切入距离 Z_a、切出距离 Z_0（加工通孔）和钻尖（顶角）长度 T_t（有些工程技术人员将图 1-74 中的 Z_b 称为切出距离）。

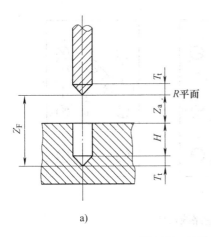
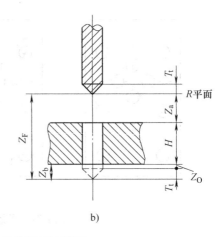

图 1-74　钻孔工作进给距离计算图

孔加工刀具的切入、切出距离经验数据见表 1-13。

表 1-13　孔加工刀具的切入、切出距离经验数据

加工方式	表面状态/mm		加工方式	表面状态/mm	
	已加工表面	毛坯表面		已加工表面	毛坯表面
钻孔	2～3	5～8	铰孔	3～5	3～8
扩孔	3～5	5～8	铣削	3～5	3～10
镗孔	3～5	5～8	攻螺纹	5～10	5～10

（四）孔加工举例

例如，要编程加工的系列孔如图 1-75 所示，图中的其他表面已经完成加工，工件材料为 45 钢。

1. 分析零件图

该工件的材料为 45 钢，切削性能较好，孔直径尺寸精度不高，可以一次钻削完成。孔的位置没有特别要求，可以按照图样所示的基本尺寸进行编程。环形分布的孔为不通孔，当钻到孔底部时应使刀具在孔底停留一段时间（0.5s 左右），外侧孔的深度较深，应使刀具在钻削过程时适当退刀以利于排出切屑。

2. 选择加工方案和刀具

工件上要加工的孔共 28 个，先钻削环形分布的 8 个孔，钻完第 1 个孔后刀具退到孔上方 2mm 处，再快速定位到第 2 个孔上方，钻削第 2 个孔，直到 8 个孔全钻完。然后将刀具快速定位到右上方第 1 个孔的

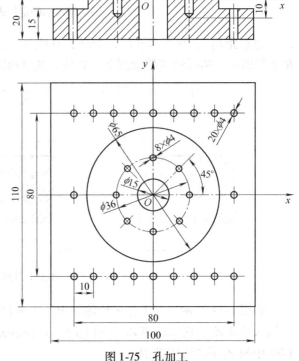

图 1-75　孔加工

上方，钻完一个孔后刀具退到这个孔上方 2mm 处，再快速定位到第 2 个孔上方，钻削第 2 个孔，直到 20 个孔全钻完。钻削用的刀具选择 ϕ4mm 的高速钢麻花钻。

3. 选择切削用量

影响切削用量的因素很多，工件的材料和硬度、加工的精度要求、刀具的材料和寿命、是否使用切削液等都直接影响到切削用量的大小。在数控程序中，决定切削用量的参数是主轴转速 S 和进给速度 F，主轴转速 S、进给速度 F 值的选择与在普通机床上加工时的值相似，可以通过计算的方法得到，也可查阅《金属切削工艺手册》或根据经验数据确定。本例采用查表法，查表 1-5 得切削速度 v_c 为 8 ~ 25m/min，进给速度 F 为 0.1 ~ 0.2mm/r，取 $v_c = 10$r/min，$F = 0.2$mm/r，则主轴转速 $S = v_c \times 1000/\pi D \approx 398$r/min，取 S 为 400r/min，进给速度 $F = 400 \times 0.2$mm/min = 80mm/min。

4. 安装工件

工件毛坯在工作台上的安装方式主要根据工件毛坯的尺寸和形状、生产批量的大小等因素来决定。一般大批量生产时考虑使用专用夹具，小批量或单件生产时使用通用夹具，如平口钳等，如果毛坯尺寸较大也可以直接装夹在工作台上。本例中的毛坯外形方正，可以考虑使用平口钳装夹，同时在毛坯下方的适当位置放置垫块，防止钻削通孔时将平口钳钻坏。

六、端盖加工工艺设计

端盖零件数控铣床和加工中心上常见的加工零件之一。图 1-76 所示零件材料为 HT200，毛坯尺寸为 170mm × 110mm × 50mm。注意：在生产实际中，一般不会选用长方块件作为这种零件的毛坯，而是用余量已经较少的铸件来作为毛坯，本例中这样选择，仅仅是为了得到更多的练习内容。

（一）零件图工艺分析

通过零件图工艺分析，确定零件的加工内容、加工要求，初步确定各个加工结构的加工方法。

1. 加工内容

该零件主要由平面、孔系及外轮廓组成，毛坯是尺寸为 170mm × 110mm × 50mm 的长方块件，加工内容包括 ϕ40H7 的内孔、阶梯孔 ϕ13mm 和 ϕ22mm、A、B、C 三个平面、ϕ60mm 的外圆轮廓以及圆弧过渡的菱形外轮廓。

2. 加工要求

零件的主要加工要求为：ϕ40H7 的内孔的尺寸公差带代号为 H7，表面粗糙度要求较高，Ra 值为 1.6μm。其他的一般加工要求为：ϕ13mm 和 ϕ22mm 阶梯孔只标注了基本尺寸，可按自由尺寸公差等级 IT11 ~ IT12 处理，表面粗糙度要求不高，Ra 值为 12.5μm；平面与外轮廓表面粗糙度要求 Ra6.3μm。

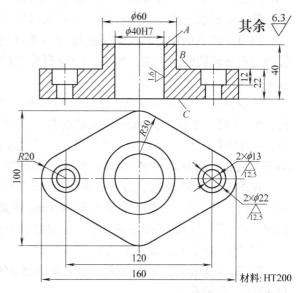

图 1-76 端盖零件零件图

3. 各结构的加工方法

由于 $\phi40\text{H}7$ 的内孔的加工要求较高，拟选择"钻中心孔→钻孔→粗镗（或扩孔）→半精镗→精镗"的方案。$\phi13\text{mm}$ 和 $\phi22\text{mm}$ 阶梯孔可选择"钻孔→锪孔"方案。A、C 两个平面可采用面铣刀"粗铣→精铣"的方法。B 面和 $\phi60\text{mm}$ 外圆轮廓可用立铣刀粗铣→精铣同时加工出。圆角过渡的菱形外轮廓亦可用立铣刀粗铣→精铣加工出。

（二）数控机床选择

根据加工零件的形状、尺寸、材料及车间设备情况选择机床。本例选择 XK5034 型数控立式升降台铣床，机床的数控系统为 FANUC 0-MD，主轴电动机容量 40kW，主轴变频调速变速范围 100～4000r/min，工作台面积（长×宽）1120mm×250mm，工作台纵向行程 760mm，主轴套筒行程 120mm，升降台垂向行程（手动）400mm，定位移动速度 2.5m/min，铣削进给速度范围 0～0.50m/min，脉冲当量 0.001mm，定位精度 ±0.03mm/300mm，重复定位精度 ±0.015mm，工作台允许最大承载 256kg。选用的机床能够满足本零件的加工。

需要补充说明的是，在选择加工设备以及刀具、夹具、量具等工具时，应优先考虑本车间和本厂现有的设备和工具。只有在本单位现有设备不能满足加工要求时，才能根据经济性决定是购买新设备（或工具）还是外协加工。

（三）加工顺序的确定

按照"基面先行、先面后孔、先粗后精"的原则确定加工顺序。由零件图可见，零件的高度 Z 向基准是 C 面，长、宽方向的基准是 $\phi40\text{H}7$ 内孔的中心轴线。从工艺的角度看，C 面也是加工零件各结构的基准定位面，因此，在对各个加工内容加工的先后顺序的安排中，第一个要加工的面应是 C 面，且 C 面的加工与其他结构的加工不可以放在同一个工序。

$\phi40\text{H}7$ 内孔的中心轴线又是底板的圆角过渡菱形外轮廓的基准，因此它的加工应在底板的菱形外轮廓的加工前，加工中考虑到装夹的问题，$\phi40\text{H}7$ 的内孔和底板的菱形外轮廓也不便在同一次装夹中加工。

按数控加工应尽量集中工序加工的原则，可把 $\phi40\text{H}7$ 的内孔、$\phi13\text{mm}$ 和 $\phi22\text{mm}$ 阶梯孔，A、B 两个平面、$\phi60\text{mm}$ 外圆轮廓在一次装夹中加工出来。这样按装夹次数来划分工序，则该零件的加工主要分三个工序，并且次序是：先加工 C 面；再加工 A、B 两个平面及 $\phi40\text{H}7$ 内孔，$\phi13\text{mm}$ 和 $\phi22\text{mm}$ 阶梯孔；最后加工底板的菱形外轮廓。

在加工 $\phi40\text{H}7$ 内孔、$\phi13\text{mm}$ 和 $\phi22\text{mm}$ 阶梯孔及 A、B 两个平面的工序中，根据先面后孔的原则，又宜将 A、B 两个平面及 $\phi60\text{mm}$ 外圆轮廓的加工放在孔加工之前，且 A 面加工在前。至此零件的加工顺序基本确定，总结如下：

1）第一次装夹：加工 C 面。

2）第二次装夹：加工 A 面→加工 B 面及 $\phi60\text{mm}$ 外圆轮廓→加工 $\phi40\text{H}7$ 内孔、$\phi13\text{mm}$ 和 $\phi22\text{mm}$ 阶梯孔。

3）第三次装夹：加工底板的菱形外轮廓。

（四）确定装夹方案

根据零件的结构特点，第一次装夹加工 C 面时，选用平口虎钳夹紧。

第二次装夹加工 A 面、加工 B 面及 $\phi60\text{mm}$ 外圆轮廓、加工 $\phi40\text{H}7$ 内孔、$\phi13\text{mm}$ 和 $\phi22\text{mm}$ 阶梯孔时亦选用平口虎钳夹紧。但应使工件高出钳口 25mm 以上，工件下面使用垫块支撑，垫块的位置要适当，应避开钻通孔加工时的钻头伸出的位置，如图 1-77 所示。

铣削底板的菱形外轮廓时，采用典型的一面两孔定位方式，即以底面、ϕ40H7 内孔和一个 ϕ13mm 孔定位，用螺纹压紧的方法夹紧工件。测量工件零点偏置值时，应以 ϕ40H7 已加工孔面为测量面。外轮廓铣削装夹方式如图 1-78 所示。

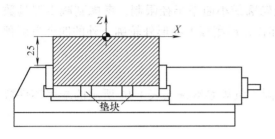

图 1-77　工件在平口虎钳装夹加工

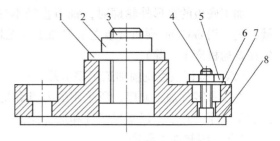

图 1-78　外轮廓铣削装夹方式
1—开口垫圈　2—压紧螺母　3—螺纹圆柱销
4—带螺纹削边销　5—辅助压紧螺母　6—垫圈
7—工件　8—垫块

（五）刀具与切削用量选择

该零件孔系加工的刀具与切削用量的选择见表 1-14。

表 1-14　端盖零件数控加工工序卡片

工步号	工步内容	刀具号	刀具规格 /mm	主轴转速 /r·min^{-1}	进给速度 /mm·min^{-1}	背吃刀量 /mm
1	粗铣定位基准面（底面）	T01	ϕ160	180	300	4
2	精铣定位基准面	T01	ϕ160	180	150	0.2
3	粗铣上表面	T01	ϕ160	180	300	5
4	精铣上表面	T01	ϕ160	180	150	0.5
5	粗铣 ϕ60mm 外圆及其台阶面	T02	ϕ63	380	150	5
6	精铣 ϕ60mm 外圆及其台阶面	T02	ϕ63	380	80	0.5
7	钻 3 个中心孔	T03	ϕ3	2000	80	3
8	钻 ϕ40H7 底孔	T04	ϕ38	200	40	19
9	粗镗 ϕ40H7 内孔表面	T05	25×25	400	60	0.8
10	精镗 ϕ40H7 内孔表面	T06	25×25	500	30	0.2
11	钻 2×ϕ13mm 螺纹孔	T07	ϕ13	500	70	6.5
12	2×ϕ22mm 锪孔	T08	ϕ22×14	350	40	4.5
13	粗铣外轮廓	T02	ϕ63	380	150	11
14	精铣外轮廓	T02	ϕ63	380	80	2

平面铣削上下表面时，表面宽度 110mm，拟用面铣刀单次平面铣削，为使铣刀工作时有合理的切入切出角，面铣刀直径的选择最理想的宽度应为材料宽度的 1.3~1.6 倍，因此用 ϕ160mm 的硬合金面铣刀，齿数为 10，一次走刀完成粗铣，设定粗铣后留精加工余量为 0.5mm。

加工 ϕ60mm 外圆及其台阶面和外轮廓面时，考虑 ϕ60 外圆及其台阶面同时加工完成，且加工的总余量较大，拟选用直径 ϕ63mm、4 个齿的 7∶24 的锥柄螺旋齿硬质合金立铣刀加工；因为表面粗糙度要求是 $Ra6.3\mu m$，因此粗精加工用一把刀完成，设定粗铣后留精加工余量为 0.5mm。粗加工时选 $v_c = 75m/min$，$f_z = 0.1mm$，则主轴转速 $S = v_c \times 1000/\pi D \approx 380r/min$，进给速度 $F = f_z Zn \approx 150mm/min$，精加工时 F 取 80mm/min。

加工底板的菱形外轮廓时，铣刀直径不受轮廓最小曲率半径限制，考虑到减少刀具数量，仍选用 $\phi63mm$ 硬质合金立铣刀加工（毛坯长方形底板上菱形外轮廓之外的四个角可预先在普通机床上去除）。

（六）拟订数控铣削加工工序卡片

把端盖零件加工顺序、所采用的刀具和切削用量等参数编入表 1-14 所示的端盖零件数控加工工序卡片中，以指导编程和加工操作。

（七）编制加工程序

粗加工的路线设计可参考"平面铣削工艺设计"一节的有关平面加工的分析。精加工 $\phi60$ 外圆轮廓和菱形外轮廓的进给路线分别如图 1-79 和图 1-80 所示。加工程序略。

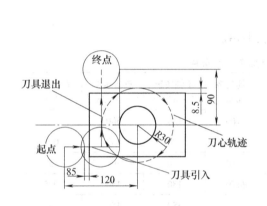

图 1-79 $\phi60$ 外圆轮廓精加工进给路线

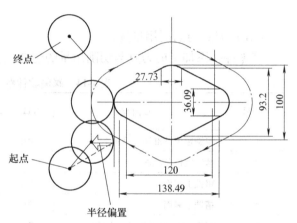

图 1-80 菱形外轮廓精加工进给路线

七、盖板加工工艺设计

盖板的主要加工面是平面和孔，需经铣平面、钻孔、扩孔、镗孔、铰孔及攻螺纹等多个工步加工。下面以图 1-81 所示盖板为例介绍其加工中心加工工艺。

（一）零件工艺分析

该盖板的材料为铸铁，毛坯为铸件。由图 1-81 可知，除盖板的四个侧面为不加工面外，其余平面、孔和螺纹都要加工，且加工内容集中在 A、B 面上。孔的最高精度等级为 IT7，最高表面粗糙度要求为 $Ra0.8\mu m$。从定位和加工两个方面综合考虑，以 A 面为主要定位基准，可先用普通机床加工好 A 面，选择 B 面及位于 B 面上的全部孔作为数控机床加工内容。

（二）选择数控机床

B 面及 B 面上的全部孔只需单工位即可加工完成，由于所用刀具较多，故选用立式加工中心。该零件加工内容只有面和孔，根据其精度和表面粗糙度要求，经粗铣、精铣、粗镗、半精镗、精镗、钻、扩、锪、铰及攻螺纹即可达到全部要求，所需刀具不超过 20 把。选用国产 XH714 型立式加工中心。该机床工作台尺寸为 400mm×800mm，X 轴行程为 600mm，Y

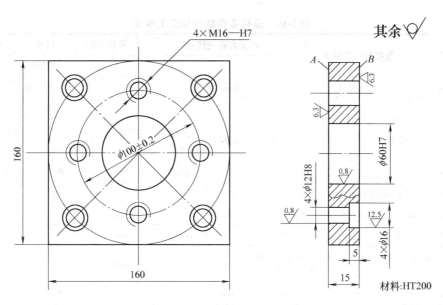

图 1-81　盖板零件图

轴行程为 400mm，Z 轴行程为 400mm，主轴端面至工作台台面距离 125～525mm，定位精度和重复定位精度分别为 0.02mm 和 0.01mm，刀库容量为 18 把，工件一次装夹后可自动完成铣、钻、镗、铰及攻螺纹等工步的加工。

（三）数控加工工艺设计

1. 选择加工方案

B 面的表面粗糙度要求为 Ra6.3μm，故采用粗铣→精铣方案；φ60H7 孔已铸出毛坯孔，为达到 IT7 尺寸精度和 Ra0.8μm 的表面粗糙度要求，需经粗镗→半精镗→精镗三次镗削加工；φ12H8 孔为防止钻偏和满足 IT8 精度要求，需按钻中心孔→钻孔→扩孔→铰孔方案进行；φ16mm 孔在加工 φ12mm 孔基础上锪至尺寸即可；M16 螺纹孔按钻中心孔→钻底孔→倒角→攻螺纹方案加工。

2. 确定加工顺序

按先面后孔、先粗后精的原则确定其加工顺序为：粗、精铣 B 面→粗、半精、精镗 φ60H7 孔→钻各孔的中心孔→钻、扩、锪、铰 φ12H8 及 φ16 孔→M16 螺孔钻底孔、倒角和攻螺纹，具体加工过程见表 1-15 和表 1-16。

表 1-15　盖板零件的机械加工工艺过程

序号	工序名称	工序内容	设备及工装
1	铸造	制作毛坯，除四周侧围外，各部留单边余量 2～3mm	
2	钳	划线，检查	
3	铣	粗、精铣 A 面，粗铣 B 面留 0.3mm 余量	普通铣床
4	数控加工	精铣 B 面，加工各孔	立式加工中心
5	钳	去毛刺	
6	检验		

表1-16 盖板零件数控加工工序卡

××厂	数控加工工序卡	产品名称或代号		零件名称	材料	零件图号
				盖板	HT200	
工序号	程序编号	夹具名称		夹具编号	使用设备	车间
4		台钳			XH714	

工步号	工步内容	加工面	刀具号	刀具规格/mm	主轴转速/r·min⁻¹	进给速度/mm·min⁻¹	背吃刀量/mm	备注
1	精铣B面至尺寸	B平面	T01	φ100	350	50	0.5	
2	粗镗φ60H7孔至φ58mm	φ60H7	T02	φ58	400	60		
3	半精镗φ60H7孔至φ59.95mm	φ60H7	T03	φ59.95	500	50	0.95	
4	精镗φ60H7孔至尺寸	φ60H7	T04	φ60H7	800	40	0.02	
5	钻4×φ12H8及4×M16的中心孔	4×φ12H8及4×M16	T05	φ3	1000	50	1.5	
6	钻4×φ12H8至φ10mm	4×φ12H8	T06	φ10	300	40	5	
7	扩4×φ12H8至φ11.85mm	4×φ12H8	T07	φ11.85	300	40	0.93	
8	锪4×φ16至尺寸	4×φ16	T08	φ16	150	30	2.08	
9	铰4×φ12H8至尺寸	4×φ12H8	T09	φ12H8	100	40	0.05	
10	钻4×M16底孔至φ14mm	4×M16	T10	φ14	450	60	7	
11	倒4×M16底孔倒角	4×M16	T11	φ18	300	40		
12	攻4×M16螺纹	4×M16	T12	M16	100	200	1	
编制		审核		批准		共 页	第 页	

3. 确定装夹方案和选择夹具

该盖板零件形状简单,加工面与不加工面之间的位置精度要求不高,故可选用通用台虎钳直接装夹,装夹时以盖板底面A和相邻两个侧面定位,用通用台虎钳钳口从侧面夹紧。

4. 选择刀具

一般铣平面时,在粗铣中为降低切削力,铣刀直径应小些,但又不能太小,以免影响加工效率;在精铣中为减小接刀痕迹,铣刀直径应大些。由于B平面为160mm×160mm的正方形,尺寸不大,因而选择粗、精铣刀直径大于B平面的一半即可,本例取直径为φ100mm的面铣刀;镗φ60H7的孔时,因为是单件小批生产,所以用单刃、双刃镗刀均可;加工4×φ12H8孔采用的是钻中心孔→钻→扩→铰的方案,故相应选φ3mm中心钻、φ10mm麻花钻、φ11.85mm扩孔钻和φ12H8铰刀。刀柄柄部根据主轴锥孔和拉紧机构选择,XH714型加工中心主轴锥孔为ISO 40,适用刀柄为BT40(日本标准JISB 6339)。具体所选刀具及刀柄如表1-17所示。

5. 确定进给路线

确定了铣刀直径就基本确定了B面的粗、精加工进给路线。因所选铣刀直径为φ100mm,故必须安排沿X方向两次进给,如图1-82所示。因为各孔的位置精度要求均不高,机床的定位精度完全能保证,故所有孔加工进给路线均可按最短路线确定,图1-83~图1-87即为各孔加工工步的进给路线。

表1-17 数控加工刀具卡

产品名称或代号			零件名称	盖板	零件图号		程序编号	
工步号	刀具号	刀具名称	刀具型号	刀具尺寸		补偿值/mm	备注	
				直径/mm	长度/mm			
1	T01	面铣刀	BT40-XM33-75	ϕ100				
2	T02	镗刀	BT40-TQC50-180	ϕ58				
3	T03	镗刀	BT40-TQC50-180	ϕ59.95				
4	T04	镗刀	BT40-TW50-140	ϕ60H7				
5	T05	中心钻	BT40-Z10-45	ϕ3				
6	T06	麻花钻	BT40-M1-45	ϕ10				
7	T07	扩孔钻	BT40-M1-45	ϕ11.85				
8	T08	阶梯铣刀	BT40-MW2-55	ϕ16				
9	T09	铰刀	BT40-M1-45	ϕ12H8				
10	T10	麻花钻	BT40-M1-45	ϕ14				
11	T11	麻花钻	BT40-M2-50	ϕ18				
12	T12	机用丝锥	BT40-G12-130	ϕ16				
编制		审核		批准		共 页	第 页	

6. 选择切削用量

查表确定切削速度和进给量，然后计算出机床主轴转速和机床进给速度。

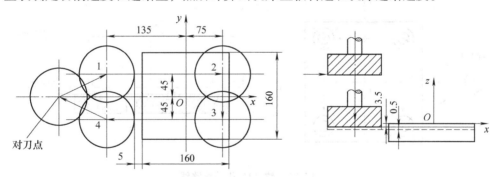

图1-82 铣削 B 面进给路线

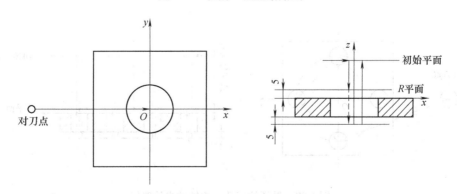

图1-83 镗 ϕ60H7 孔进给路线

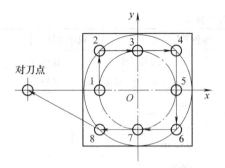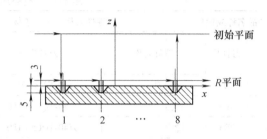

图 1-84 钻中心孔进给路线

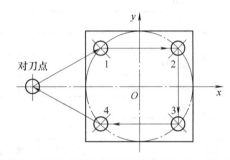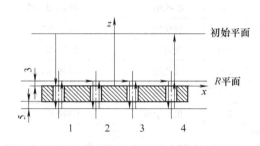

图 1-85 钻、扩、铰 ϕ12H8 进给路线

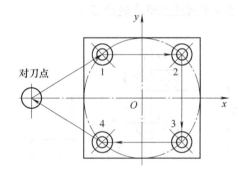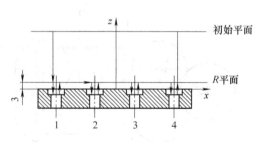

图 1-86 锪 ϕ16 孔进给路线

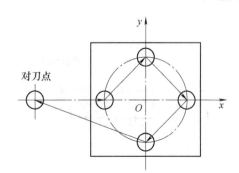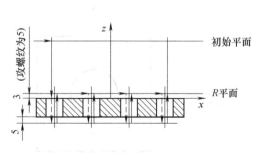

图 1-87 钻螺纹底孔、攻螺纹进给路线

八、壳体加工工艺设计

壳体零件是机械加工中常见的零件，加工表面常有平面、沟槽、孔及螺纹等。图 1-88 所示的壳体零件是典型的壳体零件。

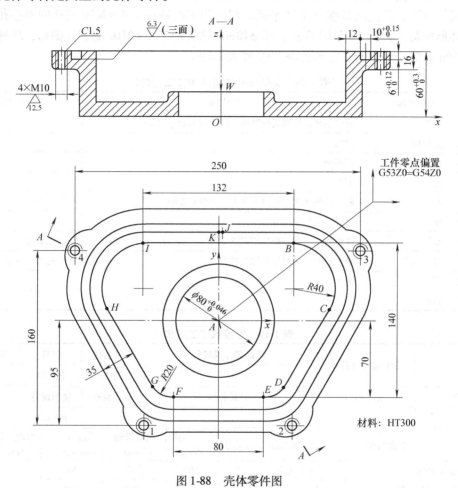

图 1-88　壳体零件图

（一）图样分析及选择加工内容

该零件材料为灰铸铁，其结构较复杂。在数控机床加工前，可在普通机床上将 $\phi 80^{+0.046}_{0}$ mm 的孔、底面和零件后侧面预加工完毕。数控加工工序的加工内容为上端平面、环形槽和 4 个螺孔，全部加工表面都集中在一个面上，所铣削环形槽的轮廓比较简单（仅直线和圆弧相切），尺寸精度 IT12 和表面粗糙度 $Ra6.3\mu m$ 要求也不高。

（二）选择数控机床

由于全部加工表面都集中在一个面上，只需单工位加工即可完成，故选择立式加工中心，工件一次装夹后可自动完成铣、钻及攻螺纹等工步的加工。

（三）工艺设计

1. 选择加工方法

上表面、环形槽用铣削方法加工，因其尺寸精度和表面粗糙度要求不高，故可一次铣削完成；4×M10 螺纹采用先钻底孔后攻螺纹的加工方法，即按钻中心孔→钻底孔→倒角→攻螺纹的方案加工。

2. 确定加工顺序

按照先面后孔、先简单后复杂的原则，先安排平面铣削，后安排孔和槽的加工。具体加工工序安排如下：先铣削基准（上）平面，然后用中心钻加工 4×M10 底孔的中心孔，并用钻头点环形槽窝，再钻 4×M10 底孔，用 φ18mm 钻头加工 4×M10 的底孔倒角，攻螺纹，最后铣削 10mm 槽。零件的工序卡见表 1-18 和表 1-19。

表 1-18　壳体零件的机械加工工艺过程

序号	工序名称	工序内容	设备及工装
1	铸造	制作毛坯，除四周侧围外，各部留单边余量 2～3mm	
2	热处理	时效	
3	油漆	刷底漆	
4	钳	划线	
5	铣	粗、精铣底面；粗铣上表面，余量 0.5mm	普通铣床
6	钳	划 $\phi 80^{+0.046}_{0}$ 孔加工线	
7	车	按线找正，车 $\phi 80^{+0.046}_{0}$ 孔至尺寸	立式车床
8	数控加工	铣上表面，环形槽并加工各孔	立式加工中心
9	钳	去毛刺	
10	检验		

表 1-19　数控加工工序卡

××厂	数控加工工序卡		产品名称或代号		零件名称	材料	零件图号
					壳体	HT300	
工序号	程序编号		夹具名称		夹具编号	使用设备	车间
						JCS-018	
工步号	工步内容	加工面	刀具号	刀具规格 /mm	主轴转速 /r·min⁻¹	进给速度 /mm·min⁻¹	背吃刀量 /mm	备注
1	铣上表面	上表面	T01	φ80	280	50		
2	钻 4×M10 中心孔	4×M10	T02	φ3	1000	100		
3	钻 4×M10 底孔及槽 $10^{+0.15}_{0}$ mm	4×M10	T03	φ8.5	500	50		
4	4×M10 底孔孔口倒角	4×M10	T04	φ18	500	50		
5	攻螺纹 4×M10	4×M10	T05	M10	60	90		
6	铣环形槽	环形槽	T06	φ10	300	30		
编制		审核		批准			共　页	第　页

3. 确定装夹方案和选择夹具

该工件可采用"一面、一销、一板"的方式定位装夹，即工件底面为第一定位基准，定位元件采用支撑面；$\phi 80^{+0.046}_{0}$ mm 孔为第二定位基准，定位元件采用带螺纹的短圆柱销；工件的后侧面为第三定位基准，定位元件采用移动定位板。工件的装夹可通过压板从定位孔的上端面往下将工件压紧。

4. 选择刀具

刀具的规格主要根据加工尺寸选择，因上表面较窄，一次走刀即可加工完成，故选用 $\phi80mm$ 硬质合金端铣刀；环形槽的精度和表面粗糙度要求不高，可选用 $\phi10mm$ 高速钢立铣刀直接铣削完成。其余刀具规格见表1-20。

表1-20 数控加工刀具卡

产品名称或代号			零件名称	壳体	零件图号		程序编号		
工步号	刀具号	刀具名称	刀具型号	刀具尺寸			补偿值 /mm	备注	
				直径/mm	长度/mm				
1	T01	硬质合金端铣刀	JT57-XD	$\phi80$					
2	T02	中心钻	JT57-Z13×90	$\phi3$					
3	T03	麻花钻	JT57-Z13×45	$\phi8.5$					
4	T04	麻花钻	JT57-M2	$\phi18$					
5	T05	机用丝锥	JT57-GM3-12	M10					
6	T06	高速钢立铣刀	JT57-Q2×90	$\phi10$					
编制			审核		批准		共 页	第 页	

5. 确定进给路线

因需加工的上表面属较窄的环形表面（大部分宽度仅为35mm，最宽处为50mm左右），所以铣削上表面时和铣环形槽一样，均按环形槽走刀即可。铣上端平面，钻螺孔的中心孔，钻环形槽起点窝、螺纹底孔、底孔倒角及攻螺纹和铣环形槽的工艺路线安排如图1-89所示。

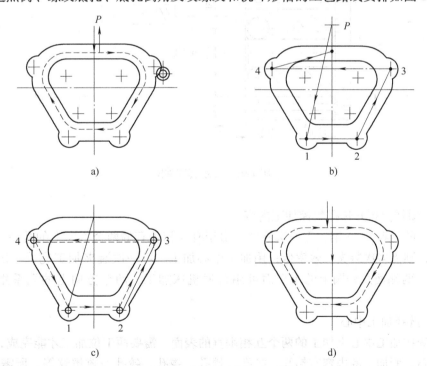

图1-89 壳体零件的工艺路线
a）铣上端平面 b）钻螺孔的中心孔
c）钻环形槽起点窝、螺纹底孔、底孔倒角及攻螺纹 d）铣环形槽

6. 选择切削用量

根据零件加工精度和表面粗糙度的要求，并考虑刀具的强度、刚度以及加工效率等因素，查表选择切削用量。

九、支承套加工工艺设计

图 1-90 所示为升降台铣床的支承套，现将其加工工艺介绍如下：

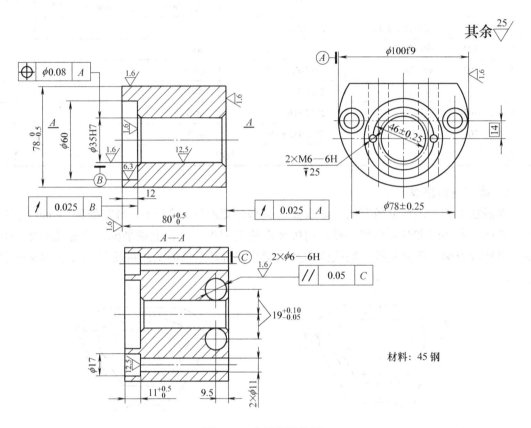

图 1-90 支承套零件图

（一）图样分析并选择数控加工内容

支承套的材料为 45 钢，毛坯选棒料。由于有互相垂直的两个方向上的孔系，若用普通机床加工，则需多次装夹，效率低；用加工中心加工，可一次装夹加工完成。因此，支承套的外圆、两端面及外圆上的小平面可用普通机床加工，两个方向上的孔系用加工中心加工。

（二）选择加工中心

支承套在加工中心上加工的两个互相垂直的表面，需要两工位加工才能完成，故选择卧式加工中心。所加工的内容有钻孔、扩孔、镗孔、锪孔、铰孔及攻螺纹等，所需刀具不多，选国产 XH754 型卧式加工中心即可满足上述要求。该机床工作台尺寸为 400mm × 400mm，X 轴行程为 500mm，Z 轴行程为 400mm，Y 轴行程为 400mm，主轴中心线至工作台距离为 100 ~

500mm，主轴端面至工作台中心线距离为 150 ~ 550mm，主轴锥孔为 ISO40，刀库容量 30 把，定位精度和重复定位精度分别为 0.02mm 和 0.01mm，工作台分度精度和重复分度精度分别为 7″和 4″。

（三）工艺设计

1. 选择加工方法

为保证 ϕ35H7 及 2 × ϕ15H7 孔的精度，根据其尺寸精度要求，选择铰削为其最终加工方法，故采用钻中心孔→钻孔→扩（或粗镗）孔→铰（或精镗）孔的工艺路线。对 ϕ60mm 的孔，根据孔径精度、孔深尺寸和孔底平面要求，用粗铣、精铣的方法同时完成孔壁和孔底平面的加工。其余各孔因无精度要求，用钻中心孔→钻孔→锪孔即可达到加工要求。各加工表面选择的加工方案如下：

1）ϕ35H7 孔：钻中心孔→钻孔→粗镗→半精镗→铰孔。

2）ϕ15H7 孔：钻中心孔→钻孔→扩孔→铰孔。

3）ϕ60mm 孔：粗铣→精铣。

4）ϕ11mm 孔：钻中心孔→钻孔。

5）ϕ17mm 孔：锪孔（在 ϕ11mm 底孔上）。

6）M6—6H 螺孔：钻中心孔→钻底孔→孔端倒角→攻螺纹。

2. 确定加工顺序

本着先主后次、先粗后精的原则，找出主要孔先加工。具体的加工顺序是：

（1）第一工位　钻 ϕ35H7、2 × ϕ11 中心孔→钻 ϕ35H7 孔→钻 2 × ϕ11 孔→锪 2 × ϕ17 孔→粗镗 ϕ35H7 孔→粗铣、精铣 ϕ × 12 孔→半精镗 ϕ35H7 孔→钻 2 × M6—6H 螺纹中心孔→钻 2 × M6—6H 螺纹底孔→2 × M6—6H 螺纹孔端倒角→攻 2 × M6—6H 螺纹→铰 ϕ35H7 孔。

（2）第二工位　钻 2 × ϕ15H7 中心孔→钻 2 × ϕ15H7 孔→扩 2 × ϕ15H7 孔→铰 2 × ϕ15H7 孔。具体加工顺序见表 1-21 和表 1-22。

表 1-21　支承套机械加工工艺过程

序号	工序名称	工序内容	设备及工装
1	备料	下料 ϕ110mm × 90mm	
2	车	车 $80^{+0.5}_{0}$mm 两端面，ϕ100f9 至要求	数控车床
3	铣	铣 $78^{0}_{-0.5}$mm 平面至尺寸	普通铣床
4	数控加工	其余各孔及螺纹	卧式加工中心，专用夹具
5	钳	去毛刺	普通铣床
6	检验		

3. 定位装夹

普通机床加工时的装夹先用三爪自定心卡盘以外圆定位装夹，加工端面和外圆柱面，然后用平口钳装夹铣削平面。

加工中心加工时，ϕ35H7 孔、ϕ60mm 孔、2 × ϕ11mm 孔及 2 × ϕ17mm 孔的设计基准均

表1-22　数控加工工序卡

××厂	数控加工工序卡	产品名称或代号		零件名称	材料	零件图号
				支承套	HT300	
工序号	程序编号	夹具名称		夹具编号	使用设备	车间
4		专用夹具			XH754	

工步号	工步内容	加工面	刀具号	刀具规格/mm	主轴转速/r·min⁻¹	进给速度/mm·min⁻¹	背吃刀量/mm	备注
	第一工位							
1	钻 ϕ35H7 孔、2×ϕ17mm 孔、ϕ11mm 孔的中心孔		T01	ϕ3	1200	40		
2	钻 ϕ35H7 孔至 ϕ31mm		T02	ϕ31	150	30		
3	钻 ϕ11mm 孔		T03	ϕ11	500	70		
4	锪 2×ϕ17mm 孔		T04	ϕ17	150	15		
5	粗镗 ϕ35H7 孔至 ϕ34mm		T05	ϕ34	400	30		
6	粗铣 ϕ60mm×12mm 孔至 ϕ59mm×11.5mm		T06	ϕ32T	500	70		
7	精铣 ϕ60mm×12mm 孔		T06	ϕ32T	600	45		
8	半精镗 ϕ35H7 孔至 ϕ34.85mm		T07	ϕ34.85	450	35		
9	钻 2×M6 螺纹中心孔		T01	ϕ3	1200	40		
10	钻 2×M6 底孔至 ϕ5mm		T07	ϕ5	650	35		
11	2×M6 孔端倒角		T04	ϕ17	600	20		
12	攻 2×M6 螺纹		T08	M6	100	100		
13	铰 ϕ35H7 孔		T09	ϕ35AH7	100	50		
	第二工位							
14	钻 2×ϕ15H7 中心孔		T01	ϕ3	1200	40		
15	钻 2×ϕ15H7 孔至 ϕ14mm		T10	ϕ14	450	60		
16	扩 2×ϕ15H7 孔至 ϕ14.85mm		T11	ϕ14.85	200	40		
17	铰 2×ϕ15H7 孔		T12	ϕ15AH7	100	60		
编制		审核		批准		共　页	第　页	

为 ϕ100f9 外圆中心线。本着基准重合的原则,应选 ϕ100f9 外圆柱面在 V 形块上定位,限制 4 个自由度为主要定位基准;为保证 ϕ17mm 孔深尺寸 $11^{+0.5}_{0}$ mm,再选择左端面作止推定位基准限制轴向移动的自由度。支承套装夹如图 1-91 所示,在装夹时要使工件上平面在夹具中保持垂直,以消除转动自由度。

4. 选择刀具

各孔均可采用定尺寸刀具加工,刀具直径根据加工余量和孔径确定,见表1-23。

5. 选择切削用量

切削用量在机床说明书允许的范围内查表选取,然后算出主轴转速和进给速度,其值见表1-22。

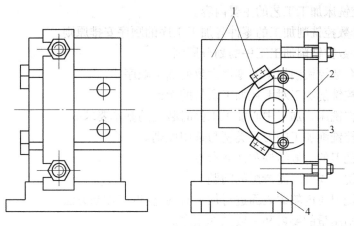

图 1-91 支承套装夹
1—定位元件 2—夹紧机构 3—工件 4—夹具体

表 1-23 支承套数控加工刀具卡

产品名称或代号			零件名称	支承套	零件图号		程序编号	
工步号	刀具号	刀具名称	刀具型号	刀具尺寸		补偿值 /mm	备注
				直径/mm	长度/mm		
1	T01	中心钻	JT40-26-45	ϕ3	280		
2	T02	麻花钻	JT40-M1-35	ϕ31	330		
3	T03	锥柄埋头钻	JT40-M2-60	ϕ17	330		
4	T04	镗刀	JT40-TQC30-165	ϕ34	320		
5	T05	硬质合金立铣刀	JT40-MW4-85	ϕ32T	300		
6	T06	镗刀	JT40-TZC30-165	ϕ34.5	320		
7	T07	麻花钻	JT40-Z6-45	ϕ5	300		
8	T08	机用丝锥	JT40-GIJT3	M6	280		
9	T09	铰刀	JT40-X19-140	ϕ35AH7	330		
10	T10	麻花钻	JT40-M2-30	ϕ14	320		
11	T11	扩孔钻	JT40-M2-50	ϕ14.85	320		
12	T12	铰刀	JT40-X19-320	ϕ15AH7	320		
编制			审核		批准		共 页	第 页

习 题

1. 简述数控铣床按主轴布置的方向的分类及其应用。

2. 简述数控铣床和加工中心的主要组成部分，以及它们的结构特点和加工特点。

3. 简述数控铣床和加工中心的主要加工对象。

4. 简述适合数控铣削的加工内容。

5. 简述铣削时，周铣与面铣的选择原则。

6. 简述顺铣与逆铣的选择原则。

7. 简述数控铣床加工工艺的主要内容。

8. 简述适合数控铣削加工的零件各加工工序的顺序安排原则。

9. 简述零件数控铣削加工工序的划分原则。

10. 简述适合数控铣削加工的零件大致的加工顺序。

11. 简述数控铣削加工对毛坯加工余量的考虑。

12. 简述数控铣床、加工中心加工工件时装夹的基本要求。

13. 简述数控铣削加工的刀具类型与选用原则。

14. 简述立铣刀的一般结构和几何参数。

15. 简述立铣刀周铣时需考虑的问题。

16. 简述立铣刀对内轮廓表面进行加工时的进/退刀控制方法。

17. 简述铣削用量的要素和一般选择顺序。

18. 简述每齿进给量的选择方法。

19. 铣削加工时如何选择切削速度？

20. 简述平面铣削在数控编程中需要考虑的几个问题。

21. 简述面铣刀单次和多次平面铣削时刀具路线的拟订方案。

22. 简述平面内、外轮廓精加工时切向切入和切出的方法。

23. 零件如图 1-92 所示，分别按"定位迅速"和"定位准确"的原则确定 XY 平面内的孔加工进给路线。

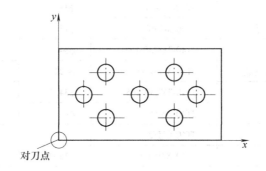

图 1-92　题 23 图

24. 图 1-93 所示零件的 A、B 面已加工好，在加工中心上加工其余表面，试确定其定位、夹紧方案。

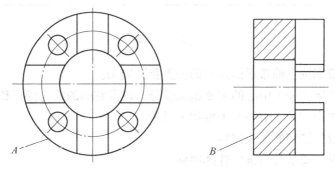

图 1-93　题 24 图

25. 加工如图 1-94 所示的具有三个台阶的型腔零件，试编制其数控铣削加工工艺。

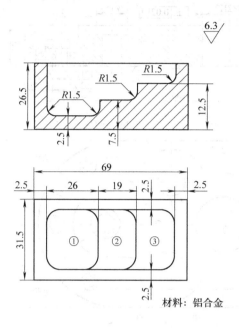

图 1-94　题 25 图

26. 试制订图 1-95 所示齿轮泵座的加工中心加工工艺。

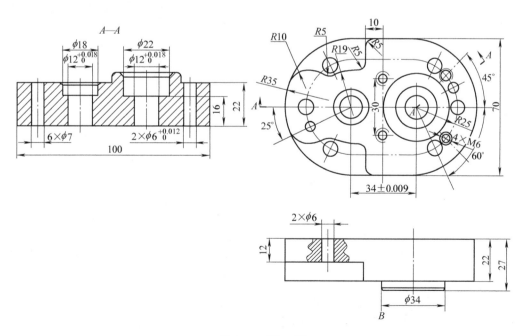

图 1-95　题 26 图

27. 如图 1-96 所示的泵盖零件，试分别以：①铸造毛坯，所有孔均无铸造底孔；②长方体毛坯 170mm×110mm×30mm 编制加工工艺。

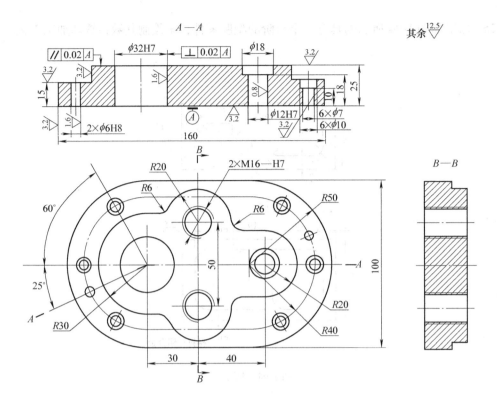

图 1-96　题 27 图

模块二　数控铣床及加工中心手工编程

【内容提要】

主要介绍 FANUC 0i Mate 数控系统的编程指令和编程方法，主要内容如下：

1. 数控加工程序的结构与格式。

2. 常用 M 代码、G 代码及其应用。

3. 数值处理方法。

4. 刀具半径补偿和长度补偿指令、固定循环指令、参考点指令、子程序及宏程序。

5. 平面、平面内外轮廓、孔槽、螺纹、非圆曲线轮廓等单一形状的加工工艺及程序编制。

6. 中等复杂程度铣削类零件的加工工艺及程序编制。

【预期学习成果】

1. 具备对图样进行数控处理的能力。

2. 具备编写平面、平面内外轮廓、孔槽、螺纹、非圆曲线轮廓等单一形状的加工工艺及程序的能力。

3. 具备编写中等复杂程度铣削类零件的加工工艺及程序的能力。

4. 会使用数控仿真软件调试程序、仿真加工零件。

5. 会操作数控铣床及加工中心，能选择合适的刀具、夹具加工零件，能选择合适的量具检测零件。

项目四 数控编程的步骤和方法

【预期学习成果】

1. 熟悉基本 G 代码、M 代码。
2. 会编制简单的加工程序。

一、数控加工程序编制的步骤

数控编程就是根据零件图样要求的图形尺寸和技术要求，确定工件加工的工艺过程、工艺参数、机床运动以及刀具等内容，并按照数控机床的编程格式及能识别的语言代码记录在程序单上的全过程。

加工程序的编制工作是数控机床使用中最重要的一环，因为程序编制的质量直接影响数控机床的正确使用及数控加工特性的发挥。好的加工程序并不是指编写一个没有错误的程序，还应该考虑这个程序是不是最经济、最稳定、最高效。这就需要程序员在工作中不断积累编程经验和编程技巧，提高编程质量。

数控机床编程过程框图如图 2-1 所示。

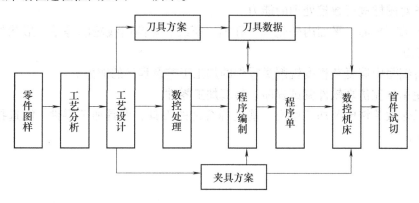

图 2-1　数控机床编程过程框图

1. 零件图样分析阶段

在分析零件图样阶段，主要是分析零件的材料、形状、尺寸、公差、表面质量、毛坯形状及热处理要求等，以便确定该零件是否适宜在数控机床上加工，适宜在哪类数控机床上加工以及在哪种型号的数控机床上加工。除了图样上的信息，还应该收集一些图样上没有涵盖的要求，如零件加工的数量、前道工序的加工、后续加工、磨削余量、装配特征等，为后面的步骤积累足够的资料。

2. 工艺分析处理阶段

工艺分析处理阶段是一个非常重要的环节，直接影响着加工程序的质量。工艺分析处理阶段的主要任务是确定零件加工工艺过程。换言之，就是确定零件的加工方法（如采用的工夹具、刀具、装夹定位方法等）、加工顺序（如钻孔顺序、粗精加工顺序等）、加工路线（如对刀点、进给路线等）以及切削用量（如进给速度、主轴转速、切削宽度和深度、精加工余量等）等工艺参数。

3. 数学处理阶段

数学处理阶段是根据零件图样及确定的加工路线，计算出刀具轨迹和每个程序段所需数据。对于形状简单的零件轮廓（如直线和圆弧组成的零件轮廓），需要计算出零件轮廓相邻几何元素的交点或切点的坐标值，圆弧还需要知道圆弧半径或中心点坐标值（在数控编程中，这些点称为基点）。对于形状复杂的零件（如非圆曲线、曲面构成的零件轮廓），需要用小直线段或圆弧逼近加工轮廓，根据要求的精度计算出节点坐标值。自由曲线、曲面及组合曲面的数据计算量大并且复杂，几乎不可能使用手工编程，必须使用计算机自动编程。

另外，对于带公差的尺寸，如果按基本尺寸编程，加工出来的产品往往是不合格的，应将这些尺寸处理成对称公差尺寸（如 $20^{+0.06}_{0} \rightarrow 20.03 \pm 0.03$）后再计算各基点的坐标。

4. 程序编制及输入阶段

程序编制阶段是将根据加工路线计算出的数据和已确定的切削用量，结合数控系统的加工指令和程序段格式，使用手工或自动编程的方式逐段编写出零件加工程序，再将编好的程序通过手工输入或通信传输的方式输入数控机床的数控系统。加工程序可以存储在控制介质（如穿孔纸带、磁盘、U 盘等）上，作为数控装置的输入信息。在使用手工编程时，应尽量使程序简短易读，这样既可以减少编程量，同时又便于查找错误。

5. 程序校验和首件试加工

加工程序必须经过校验和试加工检验合格后，才能够进入正式加工。程序编好后，应在计算机仿真软件或数控机床上仿真加工来进行检查，常用的数控仿真软件有 CGTech VERI-CUT、上海宇龙数控仿真软件、南京斯沃数控仿真软件和广州数控仿真软件等。通过了程序的仿真模拟，并不一定代表程序是正确的，因为目前的大多数仿真软件只能检查刀路的正确性而不能检查加工质量，故必须在数控机床上进行首件试加工。只有试加工工件通过检验部门检验合格后，才可以确认程序无误。对于毛坯成本较低、批量生产的零件，可以直接使用毛坯进行试加工。对于毛坯成本昂贵、单件小批量生产的零件，则可以使用蜡件或塑料件进行试加工。

二、数控加工程序编制的方法

数控编程的方法主要有手工编程和自动编程两种。

1. 手工编程

从分析零件图样、制订工艺规程、计算刀具运动轨迹、编写零件加工程序单直到程序校验，整个过程主要由程序员手工来完成，这种人工制备零件加工程序的方法称为手工编程。当然，手工编程中，也可以利用计算机辅助计算得出坐标值。

手工编程有着许多无可比拟的优势。程序员可以随心所欲地构建程序结构，对于简单的零件可以很快地通过手工方式写出程序，不需要花时间在计算机上进行零件造型。由于绝大多数的数控系统都提供了固定循环指令、子程序、宏程序等功能，程序员可以使用这些功能快速编写出特定几何形状特征的加工程序，大大降低了手工编程的难度。

　　但是，对于形状复杂，具有非圆曲线、列表曲线、列表曲面、组合曲面的零件，手工编程计算相当繁琐，程序量非常大，且易出错，难校对，手工编程难以胜任，甚至无法编出程序来，只能使用自动编程。

　　2. 自动编程

　　主要由计算机完成编制零件加工程序全过程的编程方法称为自动编程。自动编程有语言式和图形式两种。目前广泛使用的 UG、Pro/E、CATIA 等 CAD/CAM 软件均属于图形式自动编程。CAD/CAM 自动编程过程如图 2-2 所示，此部分内容将在模块三中作详细介绍。

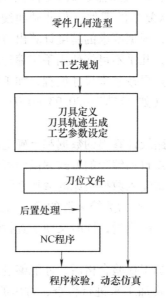

图 2-2　CAD/CAM 自动编程过程

项目五　数控加工程序的结构与格式

一、数控加工程序的结构

数控加工程序是由一系列机床数控装置能辨识的指令有序结合而构成的。一般数控系统加工程序可分为主程序和子程序。但不论是主程序还是子程序，每一个程序都是由程序号、程序内容及程序结束符等几部分组成。

1. 程序号（即程序名）

目前的数控机床都具有记忆程序的功能，能将程序存储在内存中。为了区别不同的程序，数控系统要求在程序的最前端加上程序号码。不同的数控系统程序号也有所不同，如FANUC 系统程序号是以字母 O 或 P 加上 1~9999 范围内的任意数字组成的。SIEMENS 系统用 "%" 加上字母或数字组成。编程时一定要根据机床系统参考手册的规定编写指令，否则系统是不会执行程序的。

如没有特别说明，本书所述的内容均为 FANUC 0i MATE 数控系统。在 FANUC 系统中，O1、O01、O001 和 O0001 表示的是同一个程序。

2. 程序内容

程序内容是整个程序的核心，它由若干程序段组成，每个程序段由一个或多个 "字" 构成，每个 "字" 均是由字母和数字组成的。如 G00、X300.0 均是一个 "字"。

3. 程序段结束符和程序结束符

程序段结束符表示一个程序段结束，使用 ISO 标准代码时，结束符为 "LF" 或 "NL"，使用 EIA（美国电子工业协会）标准代码时，结束符为 "CR"，常用的 FANUC 数控系统的结束符为 "；"（FANUC 0i 及更高的版本已不再强调程序段结束符）。华中数控系统没有结束符，输完一段程序后直接按 Enter 键即可。

程序结束符表示程序结束，FANUC 系统以 M02 或 M30 结束，SIEMENS 系统以 M2 或 M30 或 M17 或 RET 结束。有的数控系统没有程序结束符。

二、程序段的格式

程序段格式是指一个程序段中各 "字" 的排列顺序及其表达形式。程序段格式可分为字地址格式、使用分隔符顺序格式、固定程序段格式和可变程序段格式等，FANUC 系统采用字地址可变程序段格式。所谓字地址，就是字前面的英文字母，它表示该字的功能，所谓可变程序段格式，就是程序段的长短是随字地址数和字长（位数）而变化的。下面是一个程序段的通式：

N__ G__ X__ Y__ Z__ ⋯ F__ S__ M__ T__；

FANUC 系统常用英文字母及字符含义见表 2-1。

表 2-1 FANUC 系统常用英文字母及字符含义

功能	地址字母	含义	备注
程序号	O，P	程序号，子程序号	
顺序号	N	程序段顺序号	1. 数控程序是按程序段的排列顺序执行的，与顺序号的大小无关 2. 如非必要，可以没有顺序号
准备功能	G	指令刀具相对工件的动作方式	G00 ~ G99
尺寸字（坐标字）	X、Y、Z	坐标轴运动、圆弧圆心及半径等	在 FANUC 系统里，坐标值为整数还是小数是有区别的，如 X10.0 单位是 mm，而 X10 的单位是脉冲当量（一般为 0.001mm）
	A、B、C		
	U、V、W		
	I、J、K		
	R		
进给速度	F	进给速度	
主轴功能	S	主轴转速	
刀具功能	T	刀具选择	
辅助功能	M	主轴、切削液等的开关指令	M00 ~ M99
补偿功能	H、D	刀具补偿号指定	
暂停功能	P、X	暂停时间指定	
重复次数	L	子程序及固定循环重复执行次数	
选择性执行	/	程序段前加/的指令是否执行由机床控制面板上的相应开关决定	

三、准备功能 G

准备功能指令也称为 G 指令（或 G 代码），是使数控机床作某种运动方式准备的指令。G 指令主要为插补运算、刀具补偿、固定循环等做好准备，故一般位于程序段中坐标字的前面。准备功能指令由地址符 G 和其后的数字组成，常用的为 G00 ~ G99 共 100 种，有些数控系统已经扩大到 G150 或更多。不同的数控系统和机床，G 代码的含义可能不同。FANUC 0i MATE 数控系统 G 代码见表 2-2。

G 代码有模态代码和非模态代码两种。模态代码又称续效代码，模态代码一旦在一个程序段中指定，将会一直保持生效，直到以后程序段中出现同组的另一代码时才失效，表 2-2 中除 00 组以外的 G 代码均为模态代码。非模态代码只在所出现的程序段内有效，表 2-2 中 00 组的 G 代码为非模态代码。

表 2-2 FANUC 0i MATE 数控系统 G 代码

G 代码	组	功能	G 代码	组	功能
▼ G00	01	快速点定位	G04	00	暂停准确停止
G01		直线插补	G05.1		预读控制超前读多个程序段
G02		圆弧插补/螺旋线插补 CW	G07.1（G107）		圆柱插补
G03		圆弧插补/螺旋线插补 CCW	G08		预读控制

（续）

G 代码	组	功能	G 代码	组	功能
G09	00	准确停止	▼ G50.1	22	可编程镜像取消
G10		可编程数据输入	G51.1		可编程镜像有效
G11		可编程数据输入方式取消	G52	00	局部坐标系设定
▼ G15	17	极坐标指令消除	G53		选择机床坐标系
G16		极坐标指令	▼ G54	14	选择工件坐标系1
▼ G17	02	XY 平面选择	G54.1		选择附加工件坐标系
G18		ZX 平面选择	G55		选择工件坐标系2
G19		YZ 平面选择	G56		选择工件坐标系3
G20	06	英制输入	G57		选择工件坐标系4
G21		米制输入	G58		选择工件坐标系5
▼ G22	04	存储行程检测功能接通	G59		选择工件坐标系6
G23		存储行程检测功能断开	G60	00/01	单方向定位
G27	00	返回参考点检测	G61	15	准确停止方式
G28		返回参考点	G62		自动拐角倍率
G29		从参考点返回	G63		攻螺纹方式
G30		返回第2、第3、第4参考点	▼ G64		切削方式
G31		跳转功能	G65	00	宏程序调用
G33	01	螺纹切削	G66	12	宏程序模态调用
G37	00	自动刀具长度测量	▼ G67		宏程序模态调用取消
G39		拐角偏置圆弧插补	G68	16	坐标旋转有效
▼ G40	07	刀具半径补偿取消	▼ G69		坐标旋转取消
G41		刀具半径补偿左侧	G73	09	深孔钻循环
G42		刀具半径补偿右侧	G74		左旋攻螺纹循环
▼ G40.1（G150）	18	法线方向控制取消方式	G76		精镗循环
			▼ G80		固定循环取消/外部操作功能取消
G41.1（G151）		法线方向控制左侧接通			
G42.1（G152）		法线方向控制右侧接通	G81		钻孔循环锪镗循环或外部操作功能
G43	08	正向刀具长度补偿			
G44		负向刀具长度补偿	G82		钻孔循环或反镗循环
G45	00	刀具位置偏置加	G83		深孔钻循环
G46		刀具位置偏置减	G84		攻螺纹循环
G47		刀具位置偏置加2倍	G85		镗孔循环
G48		刀具位置偏置减2倍	G86		镗孔循环
▼ G49	08	刀具长度补偿取消	G87		背镗循环
▼ G50	11	比例缩放取消	G88		镗孔循环
G51		比例缩放有效	G89		镗孔循环

（续）

G 代码	组	功能	G 代码	组	功能
▼ G90	03	绝对值编程	G95	05	每转进给
G91		增量值编程	G96	13	恒线速度控制
G92	00	设定工件坐标系或最大主轴速度上限	▼ G97		恒线速度控制取消
G92.1		工件坐标系预置	▼ C98	10	固定循环返回到初始点
▼ G94	05	每分钟进给	G99		固定循环返回到 R 点

注：1. 如果设定参数 No. 3402 的第 6 位 CLR 使电源接通或复位时 CNC 进入清除状态，此时的模态 G 代码如下：
  1）模态 G 代码处在表 2-2 中用 ▼ 指示的状态，即 ▼ 指示的状态为开机默认状态。
  2）当电源接通或复位而使系统为清除状态时，原来的 G20 或 G21 保持有效。
  3）用参数 No. 3402#7（G23）设置电源接通时是 G22 还是 G23，另外将 CNC 复位为清除状态时 G22 和 G23 保持不变。
  4）设定参数 No. 3402#0（G01）可以选择 G00 和 G01。
  5）设定参数 No. 3402#3（G91）可以选择 G90 和 G91。
  6）设定参数 No. 3402 的#1（G18）和#2（G19）可以选择 G17、G18 或者 G19。
  2. 除了 G10 和 G11 以外的 00 组 G 代码都是非模态 G 代码。
  3. 当指令了 G 代码表中未列的 G 代码时，输出 P/S 报警 No. 010。
  4. 不同组的 G 代码在同一程序段中可以指令多个，如果在同一程序段中指令了多个同组的 G 代码则仅执行最后指令的 G 代码。
  5. 如果在固定循环中指令了 01 组的 G 代码，则固定循环被取消，与指令 G80 相同。注意，01 组 G 代码不受固定循环 G 代码的影响。
  6. G 代码按组号显示。
  7. 根据参数 No. 5431 #0（MDL）的设定，G60 的组别可以转换：当 MDL = 0 时 G60 为 00 组 G 代码，当 MDL = 1 时 G60 为 01 组 G 代码。

四、辅助功能 M

辅助功能是表示数控系统某些功能（如主轴、切削液等）开关状态的指令。FANUC 系统常用的 M 代码如下：

（一）暂停性指令（M00、M01）

（1）程序暂停指令 M00　在包含 M00 的程序段执行之后，主轴停转、进给停止、切削液关、自动运行停止。当程序停止时所有存在的模态信息保持不变，按"循环启动"键可使自动运行重新开始。

（2）计划（选择）停止指令 M01　与 M00 类似，在包含 M01 的程序段执行以后自动运行停止。只是当机床操作面板上的"任选停止"的开关置"1"（即按下）时这个代码才有效，按"循环启动"键可使自动运行重新开始。

M00 常用于加工过程中测量工件的尺寸、工件调头、手动变速、数控铣床换刀等操作，M01 常用于工件关键性尺寸的停机抽样检查等操作。

（二）程序结束指令（M02、M30）

程序结束指令用在程序的最后一个程序段中。当全部程序结束后，用此指令可使主轴、进给及切削液全部停止，并使数控机床复位。M30 与 M02 功能基本相同，但 M30 能自动返回程序起始位置，为加工下一个工件做好准备。简言之，对于只执行一次的程序，以 M02 结束程序较好，对于要执行多次的程序，则以 M30 结束程序较好。

（三）与主轴转动有关的指令（M03、M04、M05）

M03 表示主轴正转，M04 表示主轴反转。所谓正转，是从主轴向 Z 轴正向看，主轴顺时针转动；主轴反转时，观察到的转向是逆时针方向。M05 为主轴停止，它是在该程序段其他指令执行完以后才执行的。

注意：M03 或 M04 所在程序段须同时指定主轴转速；换刀前应使主轴停转，换好刀后应及时使主轴转动。

（四）换刀指令（M06）

M06 是自动换刀指令，不包括刀具选择功能，但兼有主轴停转和主轴定向的功能（由机床生产厂决定是否有此功能）。执行 M06 指令时，加工中心自动实现主轴和刀库的刀具交换，普通数控铣床无此功能。

（五）与切削液有关的指令（M07、M08、M09）（模态）

M07 为 2 号切削液（雾状）开，M08 为 1 号切削液（液状）开，M09 为切削液关。

（六）与子程序有关的指令（M96、M99）

M98 为调用子程序指令，M99 为子程序结束指令。此部分内容将在子程序相关章节里详细介绍。

五、主轴功能 S

S 功能指令用来指定主轴转速，用字母 S 加数字表示。有 G96 恒线速度控制（单位为 m/min）和 G97 恒线速度控制取消（即恒转速控制）（单位为 r/min）两种指令方式。数控铣床和加工中心开机默认为 G97 方式。注意：S 代码只是设定主轴转速的大小，并不会使主轴旋转，必须有 M03 或 M04 指令时，主轴才开始旋转。如 M03　S800 表示主轴以 800r/min 的转速正转。

六、进给功能 F

进给功能指令用来指定坐标轴移动的进给速度，由 F 加数字组成，其单位由 G94 每分进给（mm/min）或 G95 每转进给（mm/r）决定。数控铣床和加工中心开机默认为 G94 方式。

F 和 S 代码均为续效代码，一经设定后如未被重新指定，则表示先前所设定的进给速度继续有效。

七、刀具功能 T

FANUC 0i 及其以上版本的系统有两种刀具功能：一是刀具选择功能，一是刀具寿命管理功能。这里我们只介绍刀具选择功能，它由 T 加刀具号组成，如 T01 表示选择 01 号刀具，在加工中心上执行包含此语句的程序段时，刀库运转将 01 号刀具运行到换刀位置，作好换刀准备。T 后面数字的位数一般有 2 位（如 T01）和 4 位（如 T0101），指令方法和含义在不同的机床上有不同的规定，实际应用时应参阅机床编程说明书。

项目六　数控铣床及加工中心的坐标系统

在数控机床上加工工件，刀具与工件的相对运动是以数字的形式来体现的，因此必须建立相应的坐标系，才能明确刀具与工件的相对位置。为了保证数控机床正确运动，保持工作的一致性，简化程序的编制方法，并使所编程序具有互换性，ISO 标准和我国国家标准都规定了数控机床坐标轴及其运动方向，这给数控系统和机床的设计、使用及维修带来了极大的方便。

一、机床坐标系

为了确定机床的运动方向和移动距离，就要在机床上建立一个坐标系，该坐标系就叫机床坐标系，也叫标准坐标系。机床坐标系是确定工件位置和机床运动的基本坐标系，是机床固有的坐标系。图 2-3 所示为数控铣床及加工中心的机床坐标系。

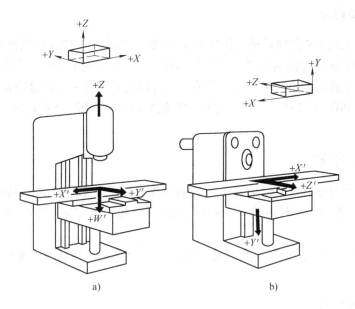

图 2-3　数控铣床及加工中心的机床坐标系
a) 立式　b) 卧式

（一）坐标轴的方向

数控铣床和加工中心的坐标系如图 2-3 中 $+X$、$+Y$、$+Z$ 所示，其中 $+Z$ 轴为机床主轴方向，$+X$ 轴平行于工件装夹面，$+Y$ 轴垂直于 $+X$ 轴和 $+Z$ 轴。不管是刀具运动还是工件运动，均假设是刀具运动，各坐标轴均以刀具远离工件的方向为正向，$+X'$、$+Y'$、$+Z'$ 为工件相对于刀具运动的方向，显然 $+X = -X'$。机床坐标系为右手笛卡儿直角坐标系（见图 2-4）。

（二）机床原点和机床参考点

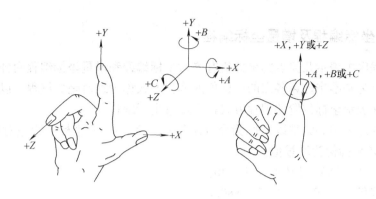

图 2-4　右手笛卡儿直角坐标系

机床原点又称为机械原点，是机床坐标系的原点。该点是机床上一个固定的点，其位置是由机床生产厂确定的，通常不允许用户改变。机床原点是工件坐标系、机床参考点的基准点，也是制造和调整机床的基础。

机床原点是通过机床参考点间接确定的。机床参考点也是机床上一个固定的点，它与机床原点之间有一确定的相对位置，一般设置在刀具运动的 X、Y、Z 轴正向最大极限位置，其位置由机械挡块确定；也有的设在机床工作台中心。机床参考点已由机床制造厂测定后输入数控系统，并且记录在机床说明书中，用户不得更改。

数控机床通电时并不知道机床原点的位置，在机床每次通电之后、工作之前，必须进行回零（回参考点）操作，使刀具或工作台运动到机床参考点，以建立机床坐标系。当完成回零操作后，显示器即显示出机床参考点在机床坐标系中的坐标值，表明机床坐标系已自动建立。可以说，回零操作是对基准的重新核定，可消除多种原因产生的基准偏差。切记：数控机床开机后要做的第一件事情就是返回参考点。

二、工件坐标系

从理论上来说，编程人员采用机床坐标系编程是可以的，但这要求编程人员在编程前确切地知道工件在机床上的准确位置，然后进行必要的坐标换算再来编程，给编程人员带来极大的不便。在这种情况下，就要采用工件坐标系。

编程人员在零件图上建立的坐标系称为工件坐标系，其坐标原点称为工件原点或工件零点，也称为编程原点或编程零点。一般来说，工件坐标系与机床坐标系平行，工件原点由编程人员自行确定，在选择工件零点的位置时应注意：

1）工件零点应选在零件图的尺寸基准上，这样便于坐标值的计算，并减少错误。

2）工件零点尽量选在精度较高的工件表面，以提高被加工零件的加工精度。

3）对于对称的零件，工件零点应设在对称中心上。

4）对于一般零件，工件零点设在工件外轮廓的某一角上。

5）Z 轴方向上的零点，一般设在工件上表面或下表面上。

确定了工件坐标系后，必须建立起工件坐标系和机床坐标系之间的联系，也就是说，必须让数控系统知道工件原点在机床坐标系里的位置，这个过程通过对刀来实现，对完刀后，在数控系统里输入相应的数据即可。

三、绝对坐标编程及增量坐标编程

数控加工程序中表示几何点的坐标值有绝对坐标编程和增量坐标编程两种方式。始终以工件坐标系原点为基准来计算各点的坐标值的编程方式称为绝对坐标编程；以前一个位置为基准计算增量来表示坐标位置的编程方式称为增量坐标编程。

数控铣床或加工中心大都以 G90 指令设定程序中 X、Y、Z 坐标值为绝对值，用 G91 指令设定 X、Y、Z 坐标值为增量值。

如从 A 点（10，25）到 B 点（30，80）：

绝对坐标编程为：G90　X30.0　Y80.0；

增量坐标编程为：G91　X20.0　Y55.0；

绝对坐标编程及增量坐标编程的使用原则主要是看何种方式编程更方便。如图 2-5a 所示的标注形式宜采用绝对坐标编程，图 2-5b 所示的标注形式宜采用增量坐标编程。

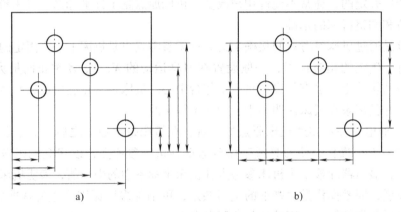

图 2-5　绝对坐标编程及增量坐标编程

项目七 编程前的数学处理

根据零件图，按已确定的进给路线和允许的编程误差，计算数控系统所需输入的数据，这一过程称为数学处理。手工编程时，在完成工艺分析和确定加工路线后，数值计算就成为程序编制中一个关键性的环节。除了点位加工这种简单的情况外，一般均需进行繁琐、复杂的数值计算。为了提高工作效率，降低出错率，有效的途径是用计算机辅助完成坐标数据的计算。

根据加工表面的几何形状、误差要求、切削刃形状及所用数控机床具有的功能（坐标轴数、插补功能、补偿功能、固定循环功能）等诸多因素，数值计算有不同的计算内容，主要有零件轮廓的基点坐标的计算、节点坐标的计算及辅助计算等。

一、基点坐标的计算

所谓基点，就是指构成零件轮廓的各相邻几何元素间的连接点，如两条直线的交点、直线与圆弧的切点或交点、圆弧与圆弧的切点或交点、圆弧与二次曲线的切点和交点等。

一般来说，基点坐标数据可采用手工处理，即根据图样原始尺寸，利用三角函数、解析几何等数学工具，求出具体数值。但需注意数据计算精度应与图样加工精度要求相适应，一般最高精确到机床最小设定单位即可。

基点坐标计算的难点在于圆弧与直线、圆弧间的交点及切点坐标的计算，为提高计算精度，可借助 AUTOCAD、UG、Pro/E 等软件来求出结果，在上述软件中，只要画出相关部分的图形即可得到相关点的坐标。

二、节点坐标的计算

当被加工零件的轮廓形状与机床的插补功能不一致时，如在只有直线和圆弧插补功能的数控机床上加工椭圆、双曲线、抛物线、阿基米德螺旋线或用一系列坐标点表示的曲线等非圆曲线时，就要用直线或圆弧逼近它们，即将这些非圆曲线按等一定规则分割成许多小段，用直线或圆弧代替这些小段，从而取代非圆曲线，逼近直线或圆弧小段与非圆曲线的交点或切点称为节点。编程时要根据所允许的误差计算出各线段的长度和节点的坐标值。

节点坐标的计算相当复杂，靠手工计算的话计算量太大且易出错，因此只能借助于计算机计算，主要方法有：利用 C 语言等高级语言编程计算；利用数控编程中的宏程序（也称为宏指令）计算；利用 UG、Pro/E 等 CAM 软件自动编程等。

三、辅助计算

如前所述，编程人员在拿到图样进行编程时，首先要作必要的工艺分析处理，并在零件图上选择编程原点，建立编程坐标系。理论上讲，编程原点可以任意选取。但具体编程时，在保证加工要求的前提下，总希望选择的原点有利于简化编程加工，尽可能实现直接利用图样尺寸编程，以减少数据计算。

生产实际中，当编程原点选定并据此建立编程坐标系后，为了方便编程并实现优化加工，往往还需要对图样上的一些标注尺寸进行适当的转换或计算，这些辅助计算通常包括以下内容。

（一）尺寸换算

在很多情况下，因图样上的尺寸基准与编程所需要的尺寸基准不一致，故应首先将图样上的基准尺寸换算为编程坐标系中的尺寸，再进行下一步的数学处理工作。

（二）公差转换

零件图的工作表面或配合表面一般都注有公差，公差带位置各不相同。数控加工与传统加工一样存在诸多误差影响因素，总会产生一定的加工误差。如果按零件图样公称尺寸进行编程，加工后的零件尺寸将会出现两种情况，其一是大于公称尺寸，其二是小于公称尺寸。从随机误差理论上讲，两种情况出现的概率各为 50%，这意味着加工后的零件会有 50% 不合格的可能性，其中一部分已经是废品（如外圆尺寸小于下偏差），而另一部分还可以通过补充加工进行修正（如外圆尺寸大于上偏差），上述两种情况的出现都将带来不必要的经济损失。

因此，需将公差尺寸进行转换，取其极限尺寸的中值进行编程，即将单向偏差或双向不对称偏差转换成双向对称偏差，从而最大限度地减少不合格品的产生，提高数控加工效率和经济效益。

（三）粗加工及辅助程序段的数值计算

数控加工与传统加工一样，一般不可能一次进给将零件所有余量全部切除，通常需要粗、精加工多次进给，以逐步切除余量并提高精度，当余量较大时就要增加进给次数。手工编程时需要得到进给路线上各步间连接点的坐标信息，因此当按照工艺要求规划好加工路线后，还需求出进给路线上相关点的坐标信息，包括刀具从对刀点到切入点或从切出点返回对刀点的坐标信息。对于粗加工进给路线上的坐标信息，一般不需要太高的精度，为了方便计算，通常可利用一些已知特征点作简化处理。

项目八　FUNAC 数控铣床及加工中心基本编程指令

FANUC 系统的 G 代码和 M 代码很多，本项目只介绍其最基本的指令，其他的常用指令将在以后项目中陆续介绍。需要说明的是，本项目所介绍的指令，不仅适用于 FANUC 的所有系统，其绝大多数也适用于其他的数控系统，如华中数控系统等。

一、通常出现在程序开头的指令

（一）建立工件坐标系指令

1. 零点偏置指令（G54～G59）

零点偏置指令也称加工坐标系选择指令，FANUC 数控系统有 G54～G59 六个坐标系供编程人员使用以建立工件坐标系。

编程格式：G54 等可单独作为一个程序段（如 G54;），或与其他 G 代码共用一个程序段（如 G54　G00　X10.　Y20.　Z15.;）。

说明：

1）G54～G59 是系统预置的六个坐标系，可根据需要选用。

2）G54～G59 建立的工件坐标系原点是相对于机床原点而言的，在程序运行前已设定好，在程序运行中是无法重置的。

3）G54～G59 预置建立的工件坐标系原点在机床坐标系中的坐标值在对刀后通过机床的控制面板输入，系统自动记忆。

4）一般推荐 G54 等单独作为一个程序段。

5）使用该组指令前，必须先回参考点。

6）G54～G59 为模态指令，可相互注销。

7）系统开机默认 G54 有效，故程序中允许没有建立工件坐标系的有关指令。也就是说，如果程序中没有建立工件坐标系的任何指令，工件坐标系就是 G54。

2. 设定工件坐标系指令 G92

建立工件坐标系除了用 G54～G59 外，也可用 G92 指令，G92 的格式与用法同数控车床的 G50 指令。

编程格式：

G92　X__ Y__ Z__;

式中，X、Y、Z 为当前刀位点在由 G92 所建的工件坐标系中的坐标值。

说明：

1）一旦执行 G92 指令建立坐标系，后续的绝对值指令坐标位置都是此工件坐标系中的坐标值，G92 中的坐标值必须是绝对坐标值。

2）G92 指令必须跟坐标地址字，因此须单独一个程序段指定。

3）执行此指令时刀具并不运动，只是让系统内部用新的坐标值取代旧的坐标值，从而建立新的坐标系。

4）该指令为非模态指令。

（二）英制/米制输入指令（G20、G21）

G20 为英制输入，G21 为米制输入。在我国，G21 一般为开机默认状态，但也可通过参数设定来改变机床默认状态。

（三）绝对坐标指令和相对坐标指令（G90、G91）

G90 指令规定在编程时按绝对值方式输入坐标，即移动指令终点的坐标值 X、Y、Z 都是以工件坐标系坐标原点为基准来计算。G91 指令规定在编程时按增量值方式输入坐标，即移动指令终点的坐标值 X、Y、Z 都是以上一点为基准来计算。G90 和 G91 是模态码，可相互替代。

（四）控制主轴和刀具的指令

1. 主轴开停控制指令（M03、M04、M05）

M03 为主轴正转，M04 为主轴反转，M05 为主轴停止。M03 和 M04 只指定主轴的转向，须和指定主轴转速的 S 功能配合使用，如 M03 S600。

2. 刀具调用及换刀指令（T、M06）

FANUC 数控车床的 T 功能同时具备选刀和换刀功能，而铣床和加工中心的 T 功能只有选刀功能而无换刀功能。

加工中心中用 M06 指令自动换刀，如 T01 M06 表示将 01 号刀具换到主轴上。如某程序段中只有 T01 而没有 M06，执行此程序段时，刀库运行将 01 号刀具送到换刀位置，作好换刀准备，但此时并不实现主轴和刀库之间的刀具交换，只有在后续程序段中碰到 M06 时再换刀。

换刀前应将主轴停止（用 M05 指令），刀具自动返回参考点（用 G28 指令），因为有的机床的 M06 兼有主轴停止和刀具自动返回参考点的功能，而有的机床的 M06 只有换刀功能。

数控铣床只能手动换刀，数控铣床的换刀处理有两种方式：

（1）M00 指令 换刀前将刀具运行到合适的换刀位置，用 M05 将主轴停止，然后用 M00 指令暂停（在程序里编入），换好刀后，按"循环启动"键（有的机床上叫"程序启动"键）使程序继续运行。

（2）按刀具划分程序 根据加工顺序，按照一把刀一个程序的原则划分程序。程序结束后由操作者手动换刀，然后再执行下一个程序。

（五）切削用量方面的指令

1. 主轴转速单位指令（G96、G97）

G96 是恒线速度控制指令，主轴功能 S 的单位为 m/min，G97 是恒线速度控制取消指令，即恒转速控制，主轴功能 S 的单位为 r/min。数控铣床和加工中心开机默认为 G97 方式。

2. 进给速度单位指令（G94、G95）

G94 是每分进给指令，进给功能 F 的单位为 mm/min，G95 是每转进给指令，进给功能 F 的单位为 mm/r。数控铣床和加工中心开机默认为 G94 方式。

（六）切削液开关控制指令（M07、M08、M09）

M07 为 2 号切削液（雾状）开，M08 为 1 号切削液（液状）开，M09 为切削液关。加工时是否使用切削液与加工方法、工件和刀具材料、加工表面质量、刀具寿命等因素有关，如孔加工一般要使用切削液。

（七）平面选择指令（G17、G18、G19）

G17 选择 XY 平面为工作平面，G18 选择 ZX 平面为工作平面，G19 选择 YZ 平面为工作平面。系统开机默认为 G17。

平面选择指令是对工作平面的指定，指定在该平面上加工轮廓，对刀具半径补偿的平面、补偿的横进给方向、循环插补的平面等功能起作用。

二、基本运动指令

（一）快速点定位指令 G00

指令格式：

G00　X __ Y __ Z __；

式中，X、Y、Z 是目标点坐标。

功能：刀具相对于工件从当前位置各轴以系统设定的快移进给速度移动到程序段所指定的目标点。如"G00　X100.　Y120.　Z100.；"表示刀具从当前点快速运动到点（100,120, 100）；"G00　X100.　Y110.；"表示刀具从当前点在 XY 平面上快速运动到点（100,110）；"G00　X20.；"表示刀具从当前点沿 X 向快速运动到点 X20；"G00　Z35.；"表示刀具从当前点沿 Z 向快速运动到点 Z35。

说明：

1）当 Z 轴按指令远离工作台时，先 Z 轴运动，再 X、Y 轴运动。当 Z 轴按指令接近工作台时，先 X、Y 轴运动，再 Z 轴运动。虽然如此，但我们仍然建议：下刀时，先指令刀具在安全高度上进行 X、Y 轴定位，再指令 Z 轴运动；提刀时，先指令 Z 轴使刀具提起到安全高度，然后指令 X、Y 轴运动。

2）不运动的坐标可以省略，省略的坐标轴不作任何运动。

3）目标点的坐标值可以用绝对值，也可以用增量值。

4）G00 功能起作用时，其移动速度为系统设定的最高速度。

5）G00 为模态指令，可由 G01、G02、G03 等刀具运动指令注销，以后介绍的其他刀具运动指令如 G01、G02、G03 等均与此类似，不再重复说明。

6）G00 一般用于加工前刀具快速接近工件或加工后刀具快速退刀。注意，是接近工件而不是运动到工件，进刀时绝对不允许以 G00 的方式直接碰到工件，否则容易损坏机床和刀具。

（二）直线插补指令 G01

指令格式：

G01　X __ Y __ Z __ F __；

式中，X、Y、Z 是目标点坐标；F 是进给速度。

功能：刀具相对于工件从当前位置以 F 指定的进给速度移动到程序段所指定的目标点，运动轨迹为直线。G01 为加工指令，刀具在工件表面上作直线切削运动。

编程实例：

绝对值方式编程：

G90G01　X40.　Y30.　F300；

增量值方式编程：

G91G01　X10.　Y20.　F300；

补充说明，G01 指令所在程序段里可以没有 F 指令，但在此之前的各程序段中至少要出现一次 F 指令。

例：加工图 2-6a 所示的零件，试编写刀具刀心运动轨迹有关的程序段。毛坯为 240mm × 240mm × 100mm 的长方体，铣刀直径为 ϕ30mm，XY 平面上的工作原点在图中的 O 点，工件上表面 Z = 0，起刀点为（300, 300, 100）。

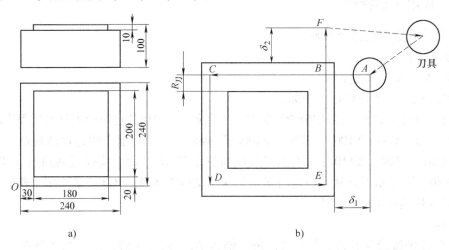

图 2-6　G00、G01 的应用示例

a）零件图　b）刀路设计

1. 刀具路线设计

加工图 2-6a 所示的零件，大体的刀路为"快速下刀至加工面→加工工件→退刀"，根据这个思路，设计的刀心运动路线（XY 平面）如图 2-6b 所示，图中虚线路线为 G00，实线路线为 G01，$R_{刀}$ 为刀具半径。很明显，图中的 δ_1 和 δ_2 均应大于刀具半径，这里均取大于 $R_{刀}$ 3mm，即切入、切出距离均取 3mm。编程前将图中各点的坐标计算出来：A（258, 235），B（225, 235），C（15, 235），D（15, 5），E（225, 5），F（225, 258）。

2. 刀具运动轨迹相关程序段

…

G90　G00　X258.0　Y235.0　Z-10.0；　　　　（快速进刀，进给到 A 点）

G01 X15. F200；　　　　　　　　　　　　（以 200mm/min 的速度由 A 点进给到 C 点）

Y5.；　　　　　　　　　　　　　　　　　（进给到 D 点）

X225.；　　　　　　　　　　　　　　　　（进给到 E 点）

Y258.；　　　　　　　　　　　　　　　　（进给到 F 点，切出）

G00　X300.　Y300.　Z100.；　　　　　　　（退刀）

…

补充说明：

1）本例旨在使学生学会利用所学的数控加工工艺知识设计刀具的走刀路线，并利用

G00 和 G01 指令实现其路线，完整的加工程序将在稍后介绍。

2）在学习了刀具半径补偿后，本例的编程工作量要少一些。

3）注意坐标值须带小数点。

（三）圆弧插补指令 G02、G03

该指令控制刀具在指定的坐标平面内以 F 指定的进给速度从当前位置（圆弧起点）沿圆弧移动到目标点位置（圆弧终点）。G02 为顺时针圆弧插补指令，G03 为逆时针圆弧插补指令，如图 2-7 所示，圆弧插补指令必须指明是哪个平面上的圆弧。

指令格式：

（1）圆弧半径式

G17　G02（或 G03）　X ＿ Y ＿ R ＿ F ＿；

G18　G02（或 G03）　X ＿ Z ＿ R ＿ F ＿；

G19　G02（或 G03）　Y ＿ Z ＿ R ＿ F ＿；

式中，X、Y、Z 是圆弧终点坐标值；R 是圆弧半径，有正负之分，圆弧圆心角不大于 180°时（如图 2-8 中的弧①），R 取正值，否则取负值（如图 2-8 中的弧②）。

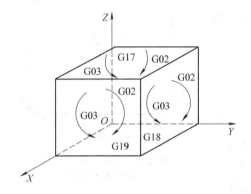

图 2-7　G02 和 G03

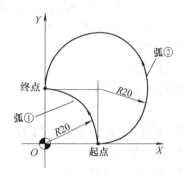

图 2-8　R 的正负

图 2-8 中弧①和弧②编程如下：

弧①：G03　X0　Y20.0　R20.　F100.；

弧②：G03　X0　Y20.0　R－20.　F100.；

（2）圆心坐标式

G17　G02（或 G03）　X ＿ Y ＿ I ＿ J ＿ F ＿；

G18　G02（或 G03）　X ＿ Z ＿ I ＿ K ＿ F ＿；

G19　G02（或 G03）　Y ＿ Z ＿ J ＿ K ＿ F ＿；

式中，I、J、K 为圆心相对于圆弧起点的 X、Y、Z 坐标，为零时可省略。

I、J、K 的计算如图 2-9 所示，即：$I = X_{圆心} - X_{起点}$；$J = Y_{圆心} - Y_{起点}$；$K = Z_{圆心} - Z_{起点}$。

图 2-8 中的弧①和弧②用 I、J、K 编程如下：

弧①：G03　X0　Y20.0　I－20.0　J0　F100.；

弧②：G03　X0　Y20.0　I0　J20.　F100.；

注意：

1）在同一程序段中 I、J、K、R 同时指令时，R 优先，I、J、K 无效。

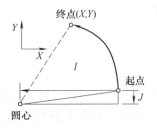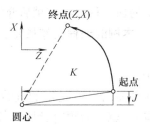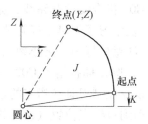

图 2-9 I、J、K 的含义

2）加工整圆不能用 R 格式，只能用圆心坐标格式。因为整圆的起点和终点重合，而已知弧上的一点和圆弧的半径还不够定义一个圆，满足这两个条件的圆有无穷多个。

例：在图 2-10 中，设刀心运动轨迹为 *ABCDEFGHA*，刀心当前位置在 *A* 点，坐标原点在图形的对称中心，试编写相关的程序段。

1. 编程前的坐标计算

A（40，25），*B*（20，45），*C*（-20，45），*D*（-40，25），*E*（-40，-25），*F*（-30，-35），*G*（30，-35），*H*（-40，-25）。

2. 程序编制

相关的程序段如下：

…

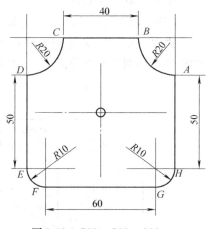

G02 X20. Y45. R20. F100.;	（→B 点）
G01 X-20.;	（→C 点）
G02 X-40. Y25. R20.;	（→D 点）
G01 Y-25.;	（→E 点）
G03 X-30. Y-35. R10.;	（→F 点）
G01 X30.;	（→G 点）
G03 X40. Y-25. R10.;	（→H 点）
G01 Y25.;	（→A 点）

图 2-10 G00、G01、G02、G03 编程示例

…

（四）暂停指令 G04

格式：

G04 X ___ ；X 后接小数值，单位为 s。或 G04 U ___ ；U 后接小数值，单位为 s。或 G04 P ___ ；P 后接整数值，单位为 ms。如 "G04 X1.0;" "G04 U1.0;" "G04 P1000" 都是暂停 1s。

说明：

1）利用暂停指令，可以推迟下个程序段的执行。

2）G04 可使刀具作短暂停留，以获得圆整而光滑的表面。该指令一般用于切槽、钻镗不通孔、车台阶端面等需要刀具在加工表面短暂停留的场合。

3）G04 为非模态指令。

三、数控程序的一般结构

一般来说，一个数控程序由程序头、程序主体及程序尾三部分组成。

程序头主要包括程序号、建立工件坐标系、起动主轴、开启切削液、建立刀具半径补偿及长度补偿、从起刀点快进到工件要加工的部位附近等准备工作。如程序 O123 中的 N10 ~ N40 程序段。

程序主体则是由具体的切削轮廓的各程序段组成，有必要的话可含子程序调用。如程序 O123 中的 N50 ~ N80 程序段。

程序尾包括快速返回起刀点、关主轴和切削液、取消刀具半径补偿及长度补偿、程序结束停机等。如程序 O123 中的 N90 ~ N120 程序段。

图 2-6 所示零件的完整加工程序为：

O123；	（程序号）
N10　G00　G17　G21　G40　G49　G54　G64　G80　G90；	（起始程序段）
N20　M03　M08　S800　T01；	（主轴以 800r/min 的速度正转，开切削液）
N30　G90　G00　X258.0　Y235.0　Z100.0；	（将刀具运行到某一安全位置）
N40　Z – 10.0；	（下刀，准备加工）
N50　G01　X15.　F200；	（开始切削）
N60　Y5.；	
N70　X225.；	
N80　Y258.；	（切削完毕）
N90　G00　Z50.；	（抬刀）
N100　G00　X300.　Y300.　Z100.；	（退刀）
N110　M05　M09；	（主轴停转，关切削液）
N120　M30；	（程序结束）

说明：

1) 以上为一把刀具加工时程序的大体结构，如果是多把刀具加工，每把刀具的程序结构与此类似。

2) 本例直接采用刀心轨迹编程，没有采用刀具半径补偿，如使用刀具半径补偿则应按轮廓轨迹编程。

3) 如采用刀具半径补偿和长度补偿，可将 N30 程序段拆分为 G00　X __ Y __ 和 G00 Z __ 两个程序段，在 X、Y 所在程序段进行刀具半径补偿，在 Z 所在程序段进行刀具长度补偿。同理，取消刀补时，可将 N100 程序段作相同处理。

4) 起始程序段也称为安全程序段，其内容为一些开机默认指令，如程序 O123 中的 N10 程序段，该程序段位于程序的开头或位于刀具选择的前面，其作用是将控制系统预置为所需的初始或默认状态。

既然起始程序段的内容为一些开机默认指令，有人认为不写也没关系，其实这是不对的，因为开机默认设置是可以人为改变的，如果发生了改变，则编程设置跟机床生产厂家或设计控制系统的工程师所建议的设置是不相符的。专业的程序员应该确保编程方法绝对安全，而不应抱有侥幸心理。程序员应该尽量通过程序控制来设置所需的状态，而不应该依赖于 CNC 系统的默认值。这种方法不但安全，还加强了程序从一台机床到另一台机床的可移植性，因为它并不依赖于特定机床的默认设置。

FANUC 系统常见的起始程序段有：

车床：G00　G21（或 G20）　G40　G99，其中 G20 为英制输入，G21 为米制输入，G40 为取消刀尖圆弧半径补偿，G99 为每转进给。

铣床：G00　G17　G21（或 G20）　G40　G49　G54　G64　G80　G90，各指令的含义见表 2-2。

习　题

1. 说明 G00、G04 指令的应用场合。

2. 整圆加工为什么不能使用 G02/G03　X ＿ Y ＿ R ＿；格式？

3. 用 G02/G03　X ＿ Y ＿ R ＿；加工半圆时 R 取正值还是负值？

4. 举例说明 G02/G03　X ＿ Y ＿ I ＿ J ＿；中 I、J 的具体含义。

5. 什么是模态指令和非模态指令？

6. 试编写图 2-11 所示轮廓的加工程序（让刀心走出图中轮廓即可）。

7. 试编写图 2-12 所示零件凸台轮廓的加工程序（不能采用刀具半径补偿指令，即通过对刀心运动轨迹的设计来加工出图示零件）。

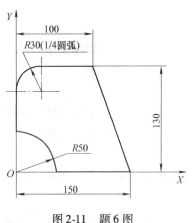

图 2-11　题 6 图

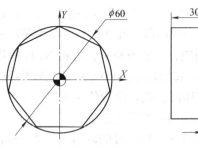

图 2-12　题 7 图

8. 试编写程序让刀具刀心轨迹为图 2-13 所示的正七边形。

9. 试编写程序让刀具刀心轨迹为图 2-14 所示的外轮廓。

10. 数控铣床没有自动换刀功能，现欲用两把直径不同的刀具加工图 2-12 所示的轮廓，试编程（本题旨在考查铣床换刀，可暂不考虑刀补）。

11. 说明起始程序段的内容和作用，采用起始

图 2-13　题 8 图

程序段编程有何好处?

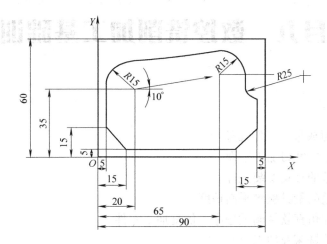

图 2-14　题 9 图

项目九 数控铣削加工基础训练

一、平面加工

（一）预期学习成果与工作任务

1）会选用合适的铣刀加工平面。

2）会选用合适的夹具安装工件。

3）会使用合适的量具检测平面精度。

4）会使用数控仿真软件调试程序、仿真加工零件。

5）会操作数控铣床及加工中心。

6）会编制如图2-15所示零件的平面铣削加工工艺及加工程序。

注：在进入本项目之前，请安排一定的学时让学生熟悉数控仿真软件及数控机床。

如图2-15所示的零件图，毛坯尺寸为200mm×150mm×65mm，材料为45钢，除上表面外其他表面均已加工。

（二）知识学习及回顾

1. 零件的工艺分析

本工序的加工面为上表面，尺寸精度要求不高，但表面粗糙度要求较高，为了保证表面质量，分粗铣和精铣两个工步完成加工，精加工余量取0.2mm。

2. 夹具选择

选择平口钳装夹工件，安装工件时要注意使工件被加工部分高出钳口，以避免刀具与钳口发生干涉。工件下部用垫铁支撑。

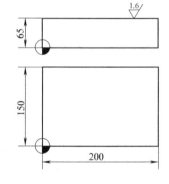

图2-15 零件图

3. 量具选择

平面间的距离用游标卡尺检测，表面质量用表面粗糙度样板检测，百分表用于工件的安装找正。

4. 刀具的选择

本例中的平面不太大，用硬质合金可转位式面铣刀、硬质合金可转位式立铣刀及高速钢立铣刀均可。为了提高加工效率，可选用大直径的面铣刀（如ϕ80mm），这样编程也较简单。本例为了说明刀路的设计，粗、精加工均选用ϕ40mm的硬质合金可转位式立铣刀。精加工刀具可以和粗加工刀具相同，也可以不同。粗、精加工采用不同刀具的相关内容，将在轮廓加工部分介绍。

5. 加工工艺方案的确定

本例只有粗铣和精铣两个工步，粗加工时采用如图2-16a所示的双向往复平行式进给路线，精加工时采用图2-16b所示的单向平行式进给路线，以保证每次走刀均为顺铣切削。刀路的行间距均取刀具直径的75%（即30mm），图2-16b中的虚线表示抬刀后的轨迹。粗加工的切削用量为主轴转速$n = 600$r/min，进给速度$F = 200$mm/min，背吃刀量$a_p = 4.8$mm。

精加工的切削用量为 $n = 1000 \text{r/min}$，$F = 120 \text{mm/min}$，$a_{\text{p}} = 0.2 \text{mm}$。

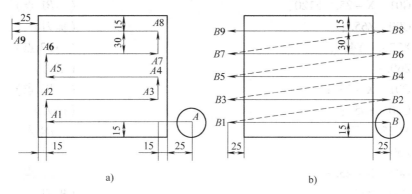

图 2-16　进给路线

a）粗铣　b）精铣

（三）技能训练

1. 程序编制

（1）坐标计算　工件坐标原点如图 3-1 所示，各点坐标如下：$A(225, 15)$，$A1(15, 15)$，$A2(15, 45)$，$A3(185, 45)$，$A4(185, 75)$，$A5(15, 75)$，$A6(15, 105)$，$A7(185, 105)$，$A8(185, 135)$，$A9(-25, 135)$；$B(225, 15)$，$B1(-25, 15)$，$B2(225, 45)$，$B3(-25, 45)$，$B4(225, 75)$，$B5(-25, 75)$，$B6(225, 105)$，$B7(-25, 105)$，$B8(225, 135)$，$B9(-25, 135)$。

（2）程序编制

O21；

N010	G00 G17 G21 G40 G49 G54 G64 G80 G90；	（设置机床初始状态，建立工件坐标系）
N020	M03 M08 S600 T01；	（开主轴，开切削液）
N030	G90 G00 X225. Y15. Z75.；	（刀心 XY 到 A 点，Z 至一安全高度）
N040	Z60.2；	（下刀，准备进行粗加工）
N050	G01 X15. F200.；	（→A1 点）
N060	Y45.；	（→A2 点）
N070	X185.；	（→A3 点）
N080	Y75.；	（→A4 点）
N090	X15.；	（→A5 点）
N100	Y105.；	（→A6 点）
N110	X185.；	（→A7 点）
N120	Y135.；	（→A8 点）
N130	X-25.；	（→A9 点）
N140	G00 Z75.；	（粗加工完毕，提刀）
N150	S1000；	（主轴转速升至 1000r/min）
N160	X225. Y15.；	（刀心 XY 到 B 点）

N170	Z60. ;		（下刀，准备精加工）
N180	G01	X－25. F120;	（→B1 点）
N190	G00	Z65. ;	（提刀）
N200		X225. Y45. ;	（→B2 点）
N210		Z60. ;	（下刀）
N220	G01	X－25. ;	（→B3 点）
N230	G00	Z65. ;	（提刀）
N240		X225. Y75. ;	（→B4 点）
N250		Z60. ;	（下刀）
N260	G01	X－25. ;	（→B5 点）
N270	G00	Z65. ;	（提刀）
N280		X225. Y105. ;	（→B6 点）
N290		Z60. ;	（下刀）
N300	G01	X－25. ;	（→B7 点）
N310	G00	Z65. ;	（提刀）
N320		X225. Y135. ;	（→B8 点）
N330		Z60. ;	（下刀）
N340	G01	X－25. ;	（→B9 点）
N350	G00	Z70. ;	（加工完毕，提刀）
N360		X320. Y280. Z200. ;	（退刀）
N370	M05	M09;	（主轴停止，关切削液）
N380	M30;		（程序结束）

2. 程序调试及仿真加工

仿真加工的主要目的是为了验证程序的正确性，如指令的格式、刀路等，目前大多数仿真加工不能验证加工精度。

仿真加工的主要步骤如下：

1）开机，返回参考点。

2）设置毛坯，安装工件。

3）选择并安装刀具。

4）对刀。

5）数据输入，如刀具相关数据、工件坐标系数据等。

6）程序录入。

7）仿真加工。

8）零件尺寸检测。

如发现程序有问题，程序修改程序后再重复第7）、8）步。数据和程序录入时要注意字母 "O" 和数字 "0" 不要输混了，以及不要丢失坐标值的小数点等。

3. 实际加工

下列各步骤只是数控铣床和加工中心的一般操作步骤，详细的操作步骤请参阅相应机床的操作说明书。

（1）加工准备

1）检查毛坯尺寸。

2）开机，返回参考点。

3）工件装夹。将夹具装到工作台上，再将工件装到夹具上，安装时注意要使加工部位高出钳口。

4）刀具装夹。将弹簧夹头、刀具装入刀柄中，然后把整个刀具装到铣床主轴或加工中心主轴或刀库中。

5）刀具数据输入。将所用刀具的相关数据输入到数控系统，如直径、长度补偿等。

6）程序输入。程序可直接通过机床操作面板输入，或通过机床相关接口由外部（如网络、U 盘等）导入。

（2）对刀　X、Y 轴可用寻边仪对刀或直接用刀具试切对刀，Z 轴用刀具试切对刀，然后将相关数据输入到 G54 等偏置寄存器中。

（3）空运行　空运行的目的是为了在数控机床上验证刀具轨迹的正确性，不同机床空运行操作方式不一定相同。

（4）自动加工　加工前请仔细检查机床各开关、按钮，特别是主轴转速倍率开关和进给倍率开关，确认其处于正确的状态，然后按机床操作说明开始自动加工。

（5）检测零件　加工完毕后，卸下工件，用相应的量具检测工件的尺寸、形位误差及表面粗糙度是否合格。本步骤分为学生自检和互检两部分。

（6）加工结束　清理机床。

4. 项目考查

按表 2-3 和表 2-4 考评学生本项目的掌握情况。

表 2-3　零件加工评分表

班级		姓名		学号	
项目名称			零件编号		
项目	序号	检测内容	分值	学生自评	学生互评	教师评分
编程	1	工艺方案合理	10			
	2	切削用量合理	5			
	3	程序简单、规范	5			
仿真	4	参数输入正确	5			
	5	软件提示操作违规次数	5			
	6	不合格尺寸数目	10			
实操	7	设备操作、维护保养正确	5			
	8	刀具选择、安装正确规范	5			
	9	工件找正、安装正确规范	10			
	10	安全、文明生产	5			
	11	纪律表现	10			
	12	团队协作精神	5			

（续）

项目	序号	检测内容	分值	学生自评	学生互评	教师评分
实操	13	零件精度合格性	20			
		综合得分	100			
		签名				

注：1. 评分结果以教师评分为最终得分，但教师在评分时应充分考虑学生自评和互评的结果。
　　2. 仿真部分的评分可利用仿真软件的自动评分系统评分。
　　3. 零件精度合格性的得分来源于表2-4。

表2-4　零件精度合格性评价表

班级			姓名		学号		
零件名称				使用设备			

序号	检测内容		检测结果			
			合格	超差	分值	得分
1	尺寸精度	尺寸1				
2		尺寸2				
3		尺寸3				
4	形位精度	形位误差1				
5		形位误差2				
6		形位误差3				
7	表面粗糙度	表面粗糙度1				
8		表面粗糙度2				
9		表面粗糙度3				
总分						
超差原因及改进措施（被检测人填写）						

检测人		日期		被检测人签字	

注：1. 检测人可以是教师或学生。
　　2. 此表的总分由检测人填入到表2-3。

（四）巩固与提高

加工图2-17所示的十字槽，毛坯尺寸240mm × 240mm × 100mm，十字槽深度5mm，除槽外其他表面均已加工。

1. 工艺分析

本例中槽的精度虽然不算太高，但仍分为粗铣和精铣两个工步，轮廓和底面精加工余量均为0.2mm。

2. 夹具选择

选用平口钳装夹工件。

图2-17　加工零件

3. 刀具选择

可选用立铣刀和键槽铣刀，这里选用φ20mm的平底立铣刀。

4. 进给路线设计

图 2-18a、b 所示分别为粗铣、精铣的进给路线设计。

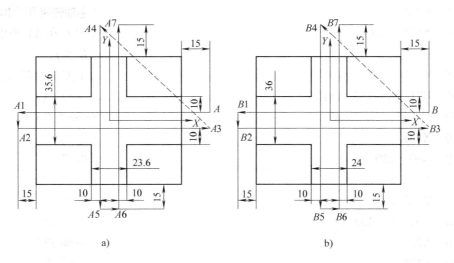

a)   b)

图 2-18 进给路线设计
a）粗铣 b）精铣

5. 程序编制

（1）坐标计算 工件原点取在工件上表面的中心，各点坐标如下：$A(135, 7.8)$，$A1(-135, 7.8)$，$A2(-135, -7.8)$，$A3(135, -7.8)$，$A4(-1.8, 135)$，$A5(-1.8, -135)$，$A6(1.8, -135)$，$A7(1.8, 135)$；$B(135, 8)$，$B1(-135, 8)$，$B2(-135, -8)$，$B3(135, -8)$，$B4(-2, 135)$，$B5(-2, -135)$，$B6(2, -135)$，$B7(2, 135)$。

（2）程序编制

O22；

N010 G00 G17 G21 G40 G49 G54 G64 G80 G90；（设置机床初始状态，建立工件坐标系）

N020 M03 M08 S600 T01；   （开主轴，开切削液）

N030 G00 X135. Y7.8 Z10.；   （刀心在 XY 平面移动到 A 点，在 Z 方向升至一安全高度）

N040 Z-4.8；   （下刀，准备进行粗加工）

N050 G01 X-135. F200；   （→A1 点）

N060 Y-7.8；   （→A2 点）

N070 X135.；   （→A3 点）

N080 G00 Z10.；   （提刀）

N090 X-1.8 Y135.；   （→A4 点）

N100 Z-4.8；   （下刀）

N110 G01 Y－135.；	（→A5 点）
N120 X1.8；	（→A6 点）
N130 Y135.；	（→A7 点）
N140 G00 Z10.；	（粗铣完毕，提刀）
N145 S1000；	（主轴转速升至1000r/min）
N150 X135. Y8.；	（刀心在 XY 平面移动到 B 点）
N155 Z－5.；	（下刀，准备精加工）
N160 G01 X－135. F100；	（→B1 点）
N170 Y－8.；	（→B2 点）
N180 X135.；	（→B3 点）
N190 G00 Z10.；	（提刀）
N200 X－2. Y135.；	（→B4 点）
N210 Z－5.；	（下刀）
N220 G01 Y－135.；	（→B5 点）
N230 X2.；	（→B6 点）
N240 Y135.；	（→B7 点）
N250 G00 Z10.；	（加工完毕，提刀）
N260 X200. Y200. Z100.；	（退刀）
N270 M05 M09；	（主轴停止，关切削液）
N280 M30；	（程序结束）

程序说明：

1）本例粗铣、精铣用的是同一把刀。

2）如果能够保证加工精度，也可不要粗铣，直接按图 2-18b 所示的进给路线编程即可，这样程序更为简洁。

（五）思考与练习

1）平面加工时如何选择加工刀具？

2）用行切法加工平面时，如何确定行距的大小？

3）平面精度的检测项目一般有哪些？如何检测？

二、平面外轮廓加工

（一）预期学习成果与工作任务

1）会选用合适的铣刀加工平面外轮廓。

2）会选用合适的夹具安装工件。

3）会使用合适的量具检测零件。

4）会使用数控仿真软件仿真加工零件。

5）会操作数控铣床及加工中心。

6）会合理使用刀具半径补偿加工轮廓。

7）会进行清角处理。

8）会编制如图 2-19 所示零件的加工工艺及加工程序。

（二）知识学习及回顾

1. 刀具半径补偿

前一节的平面加工中直接用刀心轨迹编程，但如果是相对复杂的轮廓，用刀心轨迹编程计算量就太大，且易出错。因此，形状较复杂的轮廓加工，须采用刀具半径补偿。采用刀具半径补偿后直接按轮廓形状编程即可。

（1）刀具半径补偿指令 G40、G41、G42 编程格式

1）建立刀补：

G00（或 G01）　G41（或 G42）　X ＿ Y ＿ D ＿；

2）取消刀补：

格式一：G00（或 G01）　G40　X ＿ Y ＿；

格式二：G40；

式中，G41 是刀具半径左补偿（简称左刀补），即刀具中心轨迹沿前进方向位于工件轮廓的左边，如图 2-20 所示；G42 是刀具半径右补偿（简称右刀补），即刀具中心轨迹沿前进方向位于工件轮廓的右边，如图 2-20 所示；G40 是刀具半径补偿注销，即使刀心轨迹和编程轨迹重合。D 是偏置值寄存器选用指令，一般在数控系统中有多个这样的寄存器，如 D00 ~ D99，里面存储刀具补偿半径值，如图 2-21 中 D01 的值为 10mm，D02 的值为 20mm。

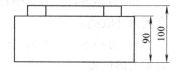

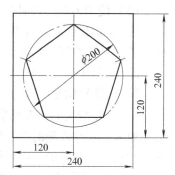

图 2-19　加工零件

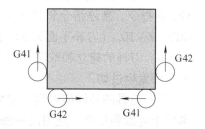

图 2-20　G41 和 G42

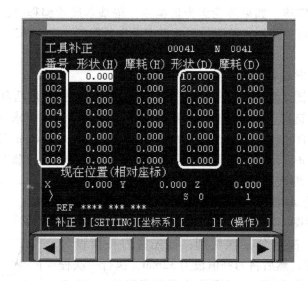

图 2-21　偏置值寄存器 D

（2）刀具半径补偿的过程　刀具半径补偿的过程分为三步，如图 2-22 所示。

1）刀补的建立：在刀具从起点接近工件时，刀心轨迹从与编程轨迹重合过渡到与编程

轨迹偏离一个偏置量的过程。

2）刀补进行：刀具中心始终与编程轨迹相距一个偏置量直到刀补取消。

3）刀补取消：刀具离开工件，刀心轨迹过渡到与编程轨迹重合的过程。

（3）使用刀具半径补偿注意事项

1）建立与取消刀具半径补偿只能在 G00 或 G01 方式下完成，并且刀具必须要移动。

2）在左补偿与右补偿切换时，必须要经过取消补偿方式。

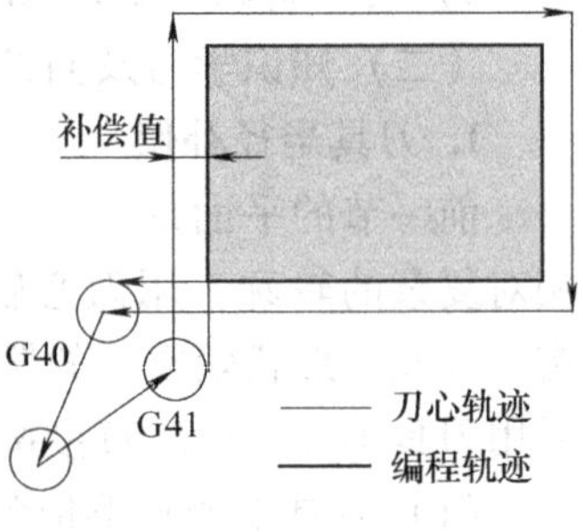

3）精铣轮廓时一般为顺铣，故精铣轮廓时补偿方式一般为 G41。

4）一般情况下，刀具半径补偿量应为正值。如果补偿值为负值，即 G41 与 G42 互换，会使原来沿零件外侧的加工变成沿内侧的加工，或使沿内侧的加工变成沿外侧的加工。利用这一特点，在模具加工中可用同一程序加工同一公称尺寸的内外两个型面。

5）在补偿状态下，不能出现连续两个或两个以上的非坐标轴移动类指令或非刀补平面坐标移动，否则将可能产生过切或少切现象。非坐标轴移动类指令大致有以下几种：M 指令、S 指令、暂停指令和某些 G 指令，如：G90，G91　X0 等。非刀补平面坐标移动，如 G00　Z－10.（刀补平面为 XY 平面时）。

6）刀补的建立和取消最好在工件之外进行（见图 2-22），否则可能由于程序轨迹方向不当而发生过切。

7）刀具的补偿值不是一定要等于刀具半径值，也可大于（甚至稍小于）刀具半径值。事实上可以利用这一点用同一程序实现轮廓的粗加工和精加工：粗加工时取补偿值为 $R_刀$ ＋ Δ，运行程序，然后减小 Δ，再运行程序，如此循环，最后一刀（即精加工）取 $\Delta = 0$，即将轮廓及其周边都加工完毕。如果外轮廓为负偏差，按基本尺寸编程时，最后一刀 Δ 可取负值。利用以上思路也可以将加工轮廓外形的程序设为子程序，依次调用不同的刀补值运行子程序即可。

2. 外轮廓铣削工艺设计

（1）分析零件　图 2-19 所示零件为在长方体毛坯上加工五边形凸台，精度要求不高。

（2）夹具及刀具选择　选用平口钳装夹工件，由于工件精度要求不高，为提高编程效率和加工效率，选用直径较大的立铣刀（如 $\phi80mm$、$\phi63mm$、$\phi50mm$ 等）沿轮廓切削两到三次即可，本例选用 $\phi63mm$ 的硬质合金可转位立铣刀，铣削方式为顺铣。

（3）工艺设计　编程路线（注意说的是编程路线而不是刀心的运动路线）为 ABCDEFG，如图 2-23 所示。经初步估算，$\phi63mm$ 的刀具按图 2-23 所示路线运行一周是不可能切除全部余量的，因此，决定分三次切削：首先将刀补值设为 50mm，执行一次程序；然后将刀补值设为 32mm，执行一次程序；最后将刀补值设为 31.5mm（刀具的真实半径值），执行一次程序。当然，在学习了子程序后，也可如前所述将五边形轮廓加工程序设为子程序，在主程序里先调用 D01（补偿值为 50mm），调用一次子程序，再调用 D02（补偿值为 32mm），再

图 2-22　刀补的建立和取消

　　　—— 刀心轨迹
　　　—— 编程轨迹

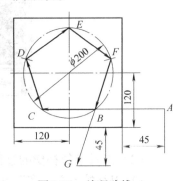

图 2-23　编程路线

调用一次子程序，最后调用 D03（补偿值为 31.5mm）并调用一次子程序即可。

（三）技能训练

1. 程序编制

（1）坐标计算 取工件上表面中心为工件坐标系坐标原点。

方法一：直接计算法。

F 点：$X_F = 100 \times \cos 18°$，$Y_F = 100 \times \sin 18°$

E 点：$X_E = 100 \times \cos(72° + 18°)$，$Y_E = 100 \times \sin(72° + 18°)$

D 点：$X_F = 100 \times \cos(2 \times 72° + 18°)$，$Y_F = 100 \times \sin(2 \times 72° + 18°)$

依次算出其余各点坐标，G 点坐标根据直线 FB 方程求出。

方法二：利用 CAD 软件计算。

在 AUTOCAD、UG 或 PRO/E 等软件里画出相关图形，直接捕捉相关点的坐标。$A(165, -80.901)$，$B(58.779, -80.901)$，$C(-58.779, -80.901)$，$D(-95.106, 30.902)$，$E(0, 100)$，$F(95.106, 30.902)$，$G(31.453, -165)$。

（2）程序编制

O23；

G00 G17 G21 G40 G49 G54 G64 G80 G90；（设置机床初始状态，建立工件坐标系）

M03 M08 S800 T01；（开主轴，开切削液）

G00 X200. Y-168. Z100；

Z-10. ；（下刀）

G41 X165. Y-80. 901 D01；（刀具半径左补偿，→A 点，准备加工）

G01 X-58.779 F150；（→C 点）

X-95.106 Y30.902；（→D 点）

X0 Y100. ；（→E 点）

X95.106 Y30.902；（→F 点）

X31.453 Y-165. ；（→G 点切出）

G00 G40 X200. Y-168. ；（取消刀补）

Z100. ；（抬刀）

M05 M09；（主轴停止，关切削液）

M30；（程序结束）

2. 仿真加工

在仿真软件上调试、校验程序，仿真加工零件。

3. 实际加工

在数控机床上加工零件。

（四）巩固与提高

加工图 2-24 所示的零件，工件材料为 45 钢，毛坯尺寸 240mm×240mm×100mm。

1. 工艺分析及设计

图 2-24 所示零件为带内凹轮廓的凸台加工，加工精度要求不高，用一把刀具即可完成

加工，由于带内凹轮廓，故所选刀具半径须不大于内凹轮廓的最小曲率半径，本例选择 $\phi18\text{mm}$ 的硬质合金立铣刀。

　　本零件的加工精度要求不高，本可不区分粗、精加工，但由于刀具半径不大，按图 2-26 所示的工艺路线环切一圈后未切除的余料太多，故仍安排一次粗加工将轮廓外围的材料切除，精加工余量取为 1mm。粗、精加工的工艺路线分别如图 2-25 和图 2-26 所示。粗加工分两刀进行，行间距取为 14mm，刀心运动路线为 ABCDEFGF-HJKJLMNPNQ。

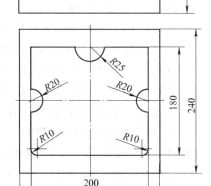

图 2-24　零件图

　　2. 程序编制

　　（1）坐标计算　工件坐标原点取在工件上表面中心。

　　图 2-25 中：$A(-134, 114)$，$B(124, 114)$，$C(124, -114)$，$D(-124, -114)$，$E(-124, 100)$，$F(0, 100)$，$G(0, 90)$，$H(110, 100)$，$J(110, 0)$，$K(100, 0)$，$L(110, -100)$，$M(-110, -100)$，$N(-110, 0)$，$P(-100, 0)$，$Q(-100, 134)$。

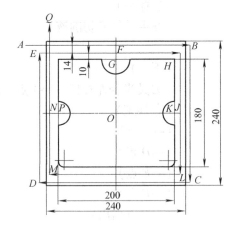

图 2-25　粗加工的工艺路线

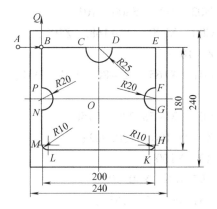

图 2-26　精加工的工艺路线

　　图 2-26 中：$A(-134, 90)$，$B(-100, 90)$，$C(-25, 90)$，$D(25, 90)$，$E(100, 90)$，$F(100, 20)$，$G(100, -20)$，$H(100, -80)$，$K(90, -90)$，$L(-90, -90)$，$M(-100, -80)$，$N(-100, -20)$，$P(-100, 20)$，$Q(-100, 133)$。

　　（2）程序编制

O24;

G00　G17　G21　G40　G49　G54　G64　G80　G90;　　　　　　（设置机床初始状态，建立工件坐标系）

M03　S800　T01;

G00　X-134.　Y114.　Z10.;

Z-5.;　　　　　　　　　　　　　　　　　　　　　（下刀，准备开始粗加工）

G01　X124.　F200；

Y－114.；

X－124.；

Y100.；

X0；

Y90.；

Y100.；

X110.；

Y0；

X100.；

X110.；

Y－100.；

X－110.；

Y0；

X－100.；

X－110.；

Y134.；　　　　　　　　　　　　　　　　　　　（粗加工结束）

G00　X－134.；

G41　Y90.　D01；　　　　　　　　　　　　（建立刀具半径左补偿，准备
　　　　　　　　　　　　　　　　　　　　　　精加工）

G01　X－25.；

G03　X25.　R25.；

G01　X100.；

Y20.；

G03　Y－20.　R20.；

G01　Y－80.；

G02　X90.　Y－90.　R10.；

G01　X－90.；

G02　X－100.　Y－80.　R10.；

G01　Y－20.；

G03　Y20.　R20.；

G01　Y134.；　　　　　　　　　　　　　　　　（加工完毕）

G00　G40　X200.　Y180.；　　　　　　　（退刀，取消刀补）

Z100.；

M05；

M30；

编程说明：本例粗加工没有用刀具半径补偿，精加工采用刀具半径左补偿，以实现顺铣加工。

想一想：如果用 ϕ16mm 的刀具加工，粗加工工艺路线又该如何设计？

（五）思考与练习

1）刀具半径补偿的建立和取消过程。

2）项目后习题3、5、6。

三、平面内轮廓加工

（一）预期学习成果与工作任务

1）会选用合适的铣刀加工平面内轮廓。

2）会选用合适的夹具安装工件。

3）会使用合适的量具检测零件。

4）会使用数控仿真软件仿真加工零件。

5）会操作数控铣床及加工中心。

6）会正确使用刀具半径补偿和长度补偿加工轮廓。

7）会编制如图2-27所示零件的加工工艺及加工程序。

零件如图2-27所示，毛坯尺寸为240mm×240mm×100mm，材料为45钢。

（二）知识学习及回顾

1. 刀具长度补偿

图2-27所示零件可用一把刀加工，也可用两把刀分别进行粗、精加工，如果两把刀的长度不一样，则需进行刀具长度补偿。刀具长度补偿的指令格式为：

1）建立刀具长度补偿：

G01（或G00）G43（或G44）Z __ H __；

2）取消刀具长度补偿：

G01（或G00）G49　Z __；

式中，G43是刀具长度正补偿；G44是刀具长度负补偿；G49是刀具长度注销；H是刀具长度补偿寄存器地址，H00～H99。

指令格式说明：

1）指令功能：编程时实际使用的刀具与假定的理想刀具（即基准刀）长度之差作为偏置设定在偏置存储器H01～H99中。在实际使用的刀具选定后，将其与基准刀长度的差值事先在偏置寄存器中设定好，就可以实现用实际选定的刀具进行正确的加工，而不必对加工程序进行修改，这组指令默认值是G49。

多把刀具并不需要一一对刀，只需在图2-28所示位置输入相应的数值，供刀具长度补偿指令G43、G44调用即可。

基准刀（即对刀时用的刀）的长度补偿是0，其他刀具的长度补偿值为该刀具长度减去基准刀的长度。如01号刀（设其为基准刀）的长度为100mm，02号刀的长度为140mm，03号刀的长度为80mm，则在图2-28中001的形状（H）里输入"0"，在002里输入"40"，在003里输入"－20"。当然，01号刀也可调用其他刀具的补偿值。如 G00　G43 Z10.　H01表示调用01号刀补值"0"，G00　G43　Z10.　H02表示调用02号刀补值"40"。

2）由于G43的负值等同于G44的正值，故一般不用G44。

3）如果只有一把刀，也可以通过对刀具设定不同的长度补偿值来对较高的凸台或较深的内轮廓进行分层铣削。当然，分层铣削也可用子程序或宏程序来实现。

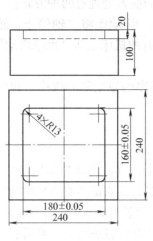

图 2-27　零件图

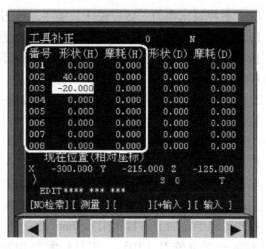

图 2-28　刀具偏置值寄存器 H

2. 参考点功能指令 G28 和 G29

（1）自动返回参考点指令 G28

指令格式：G28　X __ Y __ Z __；

式中，X、Y、Z 是中间点的坐标。

说明：

1）G28 指令表示刀具从当前点经中间点快速运行到参考点，设置中间点的目的是为了防止发生碰撞，如果确认从当前点到参考点的途中不会发生碰撞，也可不要中间点。

2）本指令一般用于加工中心的自动换刀，所以使用 G28 指令前必须取消刀具半径补偿和长度补偿。

3）G28 和 G29 的速度均为机床 G00 的速度。

（2）自动从参考点返回指令 G29

指令格式：G29　X __ Y __ Z __；

式中，X、Y、Z 是目标点的坐标。

说明：

1）G29 指令表示刀具从参考点经 G28 指令指定的中间点快速运行到 G29 所指定的目标点。

2）G29 指令一般与 G28 指令配合使用。

3）G28 和 G29 均为非模态指令。

3. 数控铣床和加工中心的换刀

（1）加工中心换刀　加工中心中用 M06 指令自动换刀，如 T01　M06 表示将 01 号刀换到主轴上。如某程序段中只有 T 而没有 M06，执行此程序段时，刀库运行将 01 号刀送到换刀位置，作好换刀准备，但此时并不实现主轴和刀库之间的刀具交换，只有在后续程序段中碰到 M06 时再换刀。

换刀前请用 M05 指令将主轴停止，用 G28 指令使刀具自动返回参考点，因为有的机床的 M06 兼有主轴停止和刀具自动返回参考点的功能，而有的机床的 M06 只有刀具交换功能。

（2）数控铣床换刀　数控铣床只能手动换刀，数控铣床的换刀处理有两种方式：

1）用 M00 指令。换刀前将刀具运行到合适的换刀位置，用 M05 将主轴停止，然后用 M00 指令暂停程序的执行，换好刀后，按"循环启动"键（有的机床上叫"程序启动"键）使程序继续运行。

2）按刀具划分程序。根据加工顺序，按照一把刀一个程序的原则划分程序。程序结束后由操作者手动换刀，然后再执行下一个程序。

（三）技能训练

1. 工艺设计

图 2-27 所示零件可用一把或两把刀具完成加工，为了说明刀具长度补偿的使用方法，现采用两把刀分别进行粗加工、半精加工和精加工，半精加工的目的是消除不平均的加工余量，粗加工和半精加工刀具选用 $\phi30mm$ 的立铣刀（T02），刀具长度为 130mm，精加工刀具选用 $\phi20mm$ 的立铣刀（T03），刀具长度为 100mm。粗加工采用行切法加工，半精加工和精加工总余量为 2mm，半精加工和精加工采用环切法加工，精加工余量为 0.5mm，进给路线分别如图 2-29 和图 2-30 所示，粗加工时行间距取为 21mm，精加工采用切向切入，$\overset{\frown}{C1C2}$ 为切入弧，$\overset{\frown}{C2C11}$ 为切出弧。

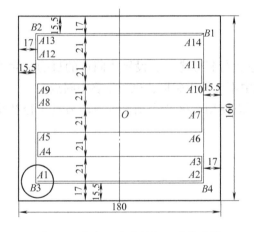

图 2-29　粗加工和半精加工进给路线

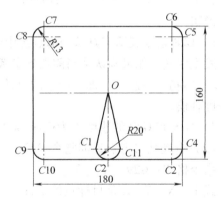

图 2-30　精加工编程路线

另外，由于立铣刀不宜直接垂直切入，故在粗加工前应用一把钻头在 A1 处预钻一个工艺孔，本例选用 $\phi20mm$ 的标准麻花钻（T01），其长度为 160mm。

2. 程序设计

（1）坐标计算　工件原点设在工件上表面中心。

$A1(-73，-63)$，$A2(73，-63)$，$A3(73，-42)$，$A4(-73，-42)$，$A5(-73，-21)$，$A6(73，-21)$，$A7(73，0)$，$A8(-73，0)$，$A9(-73，21)$，$A10(73，21)$，$A11(73，42)$，$A12(-73，42)$，$A13(-73，63)$，$A14(73，63)$；$B1(74.5，64.5)$，$B2(-74.5，64.5)$，$B3(-74.5，-64.5)$，$B4(74.5，-64.5)$；$C1(-20，-60)$，$C2(0，-80)$，$C3(77，-80)$，$C4(90，-67)$，$C5(90，67)$，$C6(77，80)$，$C7(-77，80)$，$C8(-90，67)$，$C9(-90，-67)$，$C10(-77，-80)$，$C11(20，-60)$。

（2）程序编制

O25；

G00 G17 G21 G40 G49 G54 G64 G80 G90；（设置机床初始状态，建立工件坐标系）

G28；　　　　　　　　　　　　　　　　　（返回参考点）

N10 T01 M06；　　　　　　　　　　　（铣床中此程序段可不要，仅加工中心需要）

M03 M08 S500；

G00 X－73. Y－63. Z10. ；

G01 Z－18. F80；

G00 Z10. ；

G28；

M05 M09；

N20 M00；　　　　　　　　　　　　　（暂停，准备手工换 **T02** 刀，加工中心将此程序段改为 **T02 M06**）

M03 M08 S600；　　　　　　　　　　　（重新开主轴）

G00 G43 Z100. H02；

G00 X－73. Y－63. Z10. ；

G01 Z－20. F300；　　　　　　　　　　（下刀，准备粗加工，本例采用一次切出全部切深，如果刀具刚度不够，可分多次切完整个深度）

X73. ；

Y－42. ；

X－73. ；

Y－21. ；

X73. ；

Y0；

X－73. ；

Y21. ；

X73. ；

Y42. ；

X－73. ；

Y63. ；

X73. ；　　　　　　　　　　　　　　　（粗加工结束）

S800；　　　　　　　　　　　　　　　（提高主轴转速，准备半精加工）

X74. 5 Y64. 5 F150；

X－74. 5；

Y－64. 5；

X74. 5；

Y64.5；　　　　　　　　　　　　　　　（半精加工结束）

G00　Z100.；　　　　　　　　　　　　（提刀）

G49　Z110.；

G28；　　　　　　　　　　　　　　　　（返回参考点）

M05　M09；　　　　　　　　　　　　　（主轴停转）

N30　M00；　　　　　　　　　　　　（暂停，准备手工换 **T03** 刀，加工中心将此程序段改为 **T03　M06**）

M03　S1000；　　　　　　　　　　　　（重新开主轴）

G43　G00　Z100.　H03；　　　　　　　（刀具长度补偿）

X0　Y0　Z10.；

G01　Z－20.　F100；　　　　　　　　　（下刀，准备精加工）

G41　X－20.　Y－60.　D03；　　　　　（刀具半径补偿）

G03　X0　Y－80.　R20.；

G01　X77.；

G03　X90.　Y－67.　R13.；

G01　Y67.；

G03　X77.　Y80.　R13.；

G01　X－77.；

G03　X－90.　Y67.　R13.；

G01　Y－67.；

G03　X－77.　Y－80.　R13.；

G01　X0；

G03　X20.　Y－60.　R20.；

G40　G01　X0　Y0；　　　　　　　　　（取消刀具半径补偿）

G00　Z100.；

G49　Z110.；　　　　　　　　　　　　（取消刀具长度补偿）

G28；

M05；

M30；

说明：

1）由于现在还没有介绍孔加工固定循环指令，本例孔加工用 G00 和 G01 来加工。

2）本例型腔深度为 20mm，如一次切完全部切深，刀具的刚度很可能不够，这时应分多次切除，为缩短程序长度，可采用子程序的方法，详情参见槽加工一节中的子程序部分。

3. 仿真加工与实际加工

仿真加工与实际加工时，在 T02 刀的刀具补偿 H02 里输入 －30（T01 长度 160mm，T02 长度 130mm），在 T03 刀的刀具补偿 H03 里输入 －60（T01 长度 160mm，T03 长度 100mm），在 D03 里输入 T03 的半径值 10。

（四）巩固与提高

零件如图 2-31 所示，毛坯尺寸为 160mm×120mm×10mm，材料为 45 钢。

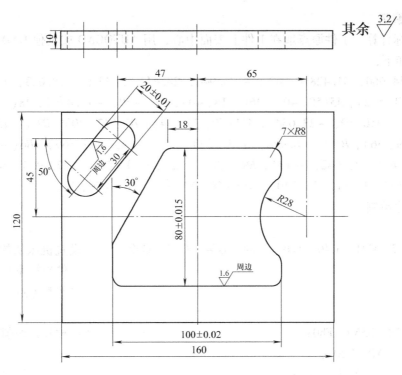

图 2-31 零件图

1. 工艺分析及设计

零件轮廓精度均在 IT7、IT8 左右,表面粗糙度要求较高,两轮廓均采用粗、精加工,粗加工的主要目的是落料。用一把 φ12mm 的键槽铣刀(T01)来完成加工,当然也可用钻头钻出两个工艺孔,然后用立铣刀来完成加工。粗、精加工采用不同的刀具半径补偿来实现,精加工余量取 0.5mm。粗、精加工编程路线分别如图 2-32 和图 2-33 所示,当然,本例粗、精加工路线也可相同。另外,加工图中的槽时如直接用 φ20mm 的键槽铣刀走直线来加工,则加工时工件的变形较大,不易保证加工精度。

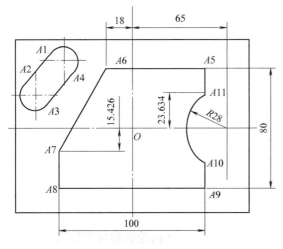

图 2-32 粗加工编程路线

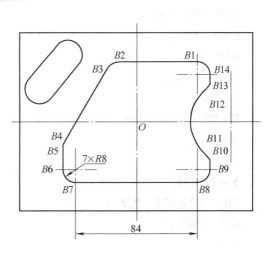

图 2-33 精加工编程路线

2. 程序编制

（1）坐标计算　工件原点取在工件上表面中心，用 AUTOCAD 或其他 CAD 软件求出各点的坐标值如下：

$A1$（－54.660，51.428），$A2$（－73.944，28.447），$A3$（－58.623，15.591），$A4$（－39.339，38.572），$A5$（50，40），$A6$（－18，40），$A7$（－50，－15.426），$A8$（－50，－40），$A9$（50，－40），$A10$（50，－23.634），$A11$（50，23.634）；$B1$（42，40），$B2$（－13.381，40），$B3$（－20.309，36），$B4$（－48.928，－13.569），$B5$（－50，－17.569），$B6$（－50，－32），$B7$（－42，－40），$B8$（42，－40），$B9$（50，－32），$B10$（50，－27.695），$B11$（47.111，－21.540），$B12$（47.111，21.540），$B13$（50，27.695），$B14$（50，32）。

（2）程序编制

O26；

G00　G17　G21　G40　G49　G54　G64　G80　G90；　　（设置机床初始状态，建立工件坐标系）

G28；　　（返回参考点）

T01　M06；

M03　M08　S550　F80；　　（主轴开，切削液开）

G00　X0　Y0　Z20.；

G41　X－47.　Y45.　D01；　　（刀具半径补偿）

N10　G01　Z－15.；　　（下刀，准备粗加工）

X－54.660　Y51.428；

X－73.944　Y28.447；

G03　X－58.623　Y15.591　R10.；

G01　X－39.339　Y38.572；

G03　X－54.660　Y51.428　R10.；

G01　X－73.944　Y28.447；　　（槽粗加工结束）

G00　Z20.；　　（提刀）

N20　X0　Y0；

S800　F100；

X50.　Y40.；

G01　Z－15.；

X－18.；

X－50.　Y－15.426；

Y－40.；

X50.；

Y－23.634；

G02　Y23.634　R28.；

G01　Y40.；

X0；　　（内轮廓粗加工结束）

G00　Z20.；　　（提刀）

G40　Y0；　　　　　　　　　　　　　　　　　　　　（取消刀具半径补偿）

S1000　F60；

G41　X－47. Y45. D02；　　　　　　　　　　　　（刀具半径补偿）

G01　Z－15. ；　　　　　　　　　　　　　　　　　（下刀，准备精加工）

X－54. 660　Y51. 428；

X－73. 944　Y28. 447；

G03　X－58. 623　Y15. 591　R10. ；

G01　X－39. 339　Y38. 572；

G03　X－54. 660　Y51. 428　R10. ；

G01　X－73. 944　Y28. 447；　　　　　　　　　　（槽精加工结束）

G00　Z20. ；　　　　　　　　　　　　　　　　　　（提刀）

X0　Y0；

X42. Y40. ；

G01　Z－15. ；

X－13. 381；

G03　X－20. 309　Y36. R8. ；

G01　X－48. 928　Y－13. 569；

G03　X－50. Y－17. 569　R8. ；

G01　Y－32. ；

G03　X－42. Y－40. R8. ；

G01　X42. ；

G03　X50. Y－32. R8. ；

G01　Y－27. 695；

G03　X47. 111　Y－21. 540　R8. ；

G02　Y21. 540　R28. ；

G03　X50. Y27. 695　R8. ；

G01　Y32. ；

G03　X42. ；　　Y40. R8.

G01　X0；　　　　　　　　　　　　　　　　　　　（内轮廓精加工结束）

G00　Z100. ；　　　　　　　　　　　　　　　　　（提刀）

G40　Y0；　　　　　　　　　　　　　　　　　　　（取消刀具半径补偿）

G28；

M05　M09；　　　　　　　　　　　　　　　　　　（主轴停，切削液关）

M30；

说明：

1）本程序是按粗、精加工不同的进给路线编制的，粗、精加工进给路线相同的程序请读者自行编制。

2）粗、精加工是通过采用不同的刀补值来实现的，D01 的值为 6.5mm，D02 的值为 6mm。

3）本例中 N10～N20 程序段反复出现，可用子程序使程序简洁。

（五）思考与练习

1. 刀具长度补偿的建立和取消过程。

2. 项目后习题7、8。

四、槽加工

（一）预期学习成果与工作任务

1）会用子程序来简化程序，提高编程效率。

2）会选用合适的机床、刀具和夹具加工如图2-34所示的零件。

零件如图2-34所示，毛坯尺寸为240mm×
240mm×100mm，材料为45钢。

（二）知识学习及回顾

1. 槽加工工艺

狭义的槽是指图2-31所示的条形区域，广义
的槽指的是如图1-69所示的各种封闭的和开放
的区域，本节主要讨论诸如图1-69所示零件的加
工。

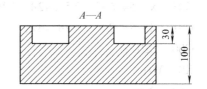

槽加工是轮廓加工的扩展，它既要保证轮廓
边界，又要将轮廓内（或外）的多余材料铣掉，
因此槽加工要注意以下问题：

1）根据槽的特征和要求，对于挖槽的编程和
加工要选择合适的刀具直径，刀具直径太小将影
响加工效率，刀具直径太大可能使某些转角处难
于切削。

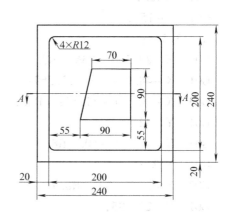

图2-34 零件图

2）由于圆柱形铣刀垂直切削时受力情况不
好，因此要选择合适的刀具类型，一般可选择双刃的键槽铣刀，并注意下刀方式，可选择斜
向下刀或螺旋形下刀，以改善下刀切削时刀具的受力情况。

3）当刀具在一个连续的轮廓上切削时使用一次刀具半径补偿，刀具在另一个连续的轮
廓上切削时应重新使用一次刀具半径补偿，以避免过切或留下多余的凸台。

4）要合理设计粗、精加工路线，防止出现过多的残留面积，必要时可编写清角的程序。

2. 子程序

把程序中某些固定顺序和重复出现的程序段单独抽出来编成一个程序供其他程序调用，
这个程序就称为子程序。利用子程序可简化主程序的编制，缩短程序长度，提高编程效率。
子程序可以被主程序调用，也可被另一子程序调用。

（1）子程序的格式 子程序与主程序唯一不同的是子程序须以M99指令结束。

（2）子程序的调用

格式一：M98 P__ L__；

其中：地址P后面的不超过四位数的数字为子程序名称，L为重复调用次数（1～
9999），次数为1时可省略。如M98 P0010表示调用子程序0010一次，M98 P1011 L5表
示重复调用子程序1011五次，即连续执行子程序1011五次。

格式二：M98　P ＿＿；

其中：P 后最多可跟 8 位数字，如 P 后面的数字不超过 4 位，表示调用该子程序一次，如 M98　P11 表示调用程序 O0011 一次（在 FANUC 系统里 O11 与 O0011 是同一程序）；如 P 后面的数字超过 4 位，后 4 位为被调用的子程序名，其余的为调用次数，如 M98　P53211 表示调用子程序 O3211 五次。

FANUC 0i 及 0i MATE 等系统的铣床和加工中心系统支持格式二。

子程序一般应用于下列场合：

1）一次装夹加工多个相同零件或一个零件中有几处加工轨迹相同的轮廓。

2）在轮廓的多次加工中使用，如粗加工、半精加工和精加工的编程轨迹相同时可采用子程序编程来简化程序。

3）在不同的 Z 深度的轮廓加工中使用，如外轮廓太高或内轮廓太深时，可通过改变刀具长度补偿或直接指定背吃刀量结合子程序可进行分层切削。

（3）子程序示例　有两个程序 O11 和 O12 分别如下：

O11；	N70 …；
...	...
N20　G00…；	M30；
M98　P12；	子程序：
N30　G00…；	O12；
...	...
N60　M98　P20012；	M99；

则程序 O11 的执行顺序为：…→N20→执行一次子程序 O12→N30→…到 N60 时连续执行两次子程序 O12→N70→…至 M30 程序结束。

（三）技能训练

1. 工艺分析及设计

图 2-34 所示零件内轮廓内又有外轮廓（通常称之为岛屿），精加工刀具的最大半径不得超过两轮廓的最小内凹轮廓曲率半径，粗加工刀具虽然不受此限，但也不宜大于最小内凹轮廓曲率半径太多，本例粗、精加工刀具分别选 $\phi30mm$ 和 $\phi20mm$ 的键槽铣刀。

图 2-34 所示零件的粗加工进给方式主要有行切法（见图 2-35）和环切法（见图 2-36）两大类，行切法又有单向和双向往复之分，环切法又有以外轮廓为主和以内轮廓为主之分，UG、PRO/E 等自动编程软件还有其他类型的进给路线。本例具体的粗、精加工路线分别如图 2-37 和图 2-38 所示，两轮廓的精铣余量均取 0.5mm。由于本零件轮廓较深（30mm），须分多次下刀切除全部余量（本例为 2 次，实际加工时应分 6 次左右）。

在图 2-38 中，为了保证内轮廓表面不留进刀痕迹，以圆弧切入和切出；为了防止切削岛屿时留下未切削区域，特补充设置了直线段切入和切出。

2. 程序编制

（1）坐标计算　工件原点设在工件上表面左下角（见图 2-37）。

$A1$(204.5，204.5)，$A2$(35.5，204.5)，$A3$(35.5，35.5)，$A4$(204.5，35.5)，$A5$(185.5，185.5)，$A6$(54.5，185.5)，$A7$(54.5，54.5)，$A8$(185.5，54.5)，$A9$(180.5，180.5)，$A10$(82.566，180.5)，$A11$(55.677，59.5)，$A12$(180.5，59.5)；$B1$(195，95)，$B2$(220，120)，

*B*3（220，208），*B*4（208，220），*B*5（32，220），*B*6（20，208），*B*7（20，32），*B*8（32，20），
*B*9（208，20），*B*10（220，32），*B*11（195，145），*B*12（195，195），*B*13（165，175），*B*14（165，75），
*B*15（75，75），*B*16（95，165），*B*17（195，165）。

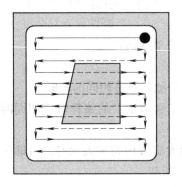

图 2-35 行切法进给路线

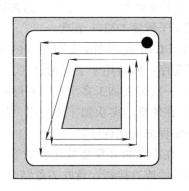

图 2-36 环切法进给路线

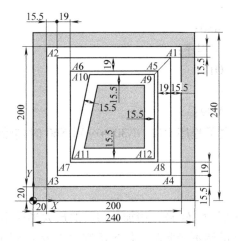

图 2-37 粗加工刀心运动路线

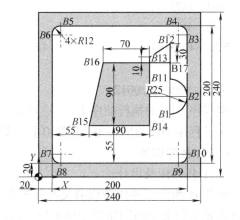

图 2-38 精加工编程路线

（2）程序编制

主程序：

O27；

G00 G17 G21 G40 G49 G54 G64 G80 G90；

G54；

G28；

T01 M06；

M03 S600 F120；

G00 X40. Y204.5 Z10.；

G01 X204.5 Z–15.；　　　　　　　　　　　　（斜向下刀切入）

M98 P271；　　　　　　　　　　（调用子程序 O271 一次，粗铣深度 15mm）

G00 Z100. ;	（提刀）
X40. Y204.5 Z10. ;	（调整刀具位置）
G01 X204.5 Z-30. ;	（斜向下刀切入）
M98 P271 ;	（调用子程序 O271 一次，铣至深度 30mm）
G00 Z100. ;	
G28 ;	（返回参考点）
M05 ;	（主轴停转）
T02 M06 ;	（换 2 号刀）
M03 S800 F80 ;	（开主轴）
G00 G43 Z100. H02 ;	（刀具长度补偿）
X195. Y120. ;	
G41 Y95. D02 ;	（刀具半径补偿）
Z-30. ;	（下刀，准备精加工内轮廓）
G03 X220. Y120. R25. ;	
G01 Y208. ;	
G03 X208. Y220. R12. ;	
G01 X32. ;	
G03 X20. Y208. R12. ;	
G01 Y32. ;	
G03 X32. Y20. R12. ;	
G01 X208. ;	
G03 X220. Y32. R12. ;	
G01 Y120. ;	
G03 X195. Y145. R25. ;	（内轮廓加工完毕）
G01 G40 X195. Y195. ;	（取消刀具半径补偿）
G41 X165. Y175. D02 ;	（刀具半径补偿，准备精加工岛屿）
Y75. ;	
X75. ;	
X95. Y165. ;	
X195. ;	
G40 Y195. ;	（取消刀具半径补偿）
G00 Z100. ;	
G49 ;	（取消刀具长度补偿）
G28 ;	
M05 ;	
M30 ;	

子程序：
O271 ;
G01 X35.5 ;

Y35.5；

X204.5；

Y204.5；

X185.5　Y185.5；

X54.5；

Y54.5；

X185.5；

Y185.5；

X180.5　Y180.5；

X82.566；

X55.677　Y59.5；

X180.5；

Y180.5；

M99；　　　　　　　　　　　　　　　（子程序结束）

说明：

1）粗铣时分两次切完全部切深（实际加工时应分多次），子程序为粗铣的进给路线。

2）精铣时由于余量不大，故一次切完。

3. 仿真与实操

仿真或实际加工时，先输入子程序，然后输入主程序，执行主程序即可。

（四）巩固与提高

零件如图 2-39 所示，毛坯尺寸为 200mm × 140mm × 40mm，图中的各孔可暂不加工。

1. 工艺分析与设计

本零件主要加工环形槽，由于两轮廓间的最小间距为 20mm，故选择 ϕ18mm 的键槽铣刀环切加工，由于精度要求不高，本例不分粗、精加工，进给路线如图 2-40 所示。

在图 2-40 中，A1 ~ A7 为刀心路线，其他为采用半径补偿后的编程路线。A5、A6、A7 的圆弧及 A8、A9、A14 的圆弧均为刀具切入、切出圆弧。

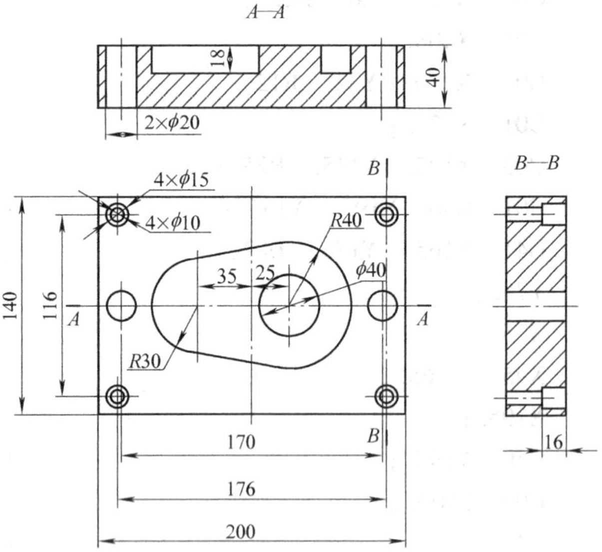

2. 程序编制

图 2-39 零件图

（1）坐标计算　工件原点设在工件上表面中心，图 2-40 中的各点坐标均由 CAD 软件获得。

A1（-18.081，-8.945），A2（-36，-5.916），A3（-36，5.916），A4（-18.081，8.945），A5（-10.868，1.080），A6（-3.113，7.117），A7（-10.868，17.080），A8（-14.594，-15.643），A9（-11.643，-34.374），A10（18.333，-39.441），A11（18.333，39.441），

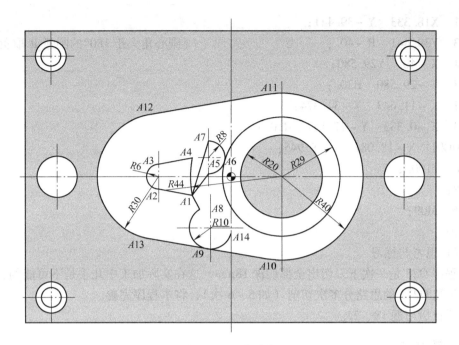

图 2-40　进给路线

$A12(-40,29.580)$，$A13(-40,-29.580)$，$A14(-0.333,-27.157)$。

（2）程序编制

O28；

G00　G17　G21　G40　G49　G54　G64　G80　G90；

G54；

G28；

T01　M06；

M03　M08　S800　F100；

G00　X-18.081　Y-8.945　Z10.；

G01　Z-18.；

X-36.　Y-5.916；

G02　Y5.916　R6.；

G01　X-18.081　Y8.945；

G03　Y-8.945　R44.；

G01　X-10.868　Y1.080；

G03　X-3.113　Y7.117　R8.；

G02　I28.113　J-7.117；　　　　　　　　　　　（整圆加工不能用 R 格式）

G03　X-10.868　Y17.080　R8.；

G01　X-18.081　Y-8.945；

G41　X-14.594　Y-15.643　D01；

G03　X-11.643　Y-34.374　R10.；

G01　X18.333　Y – 39.441；

G03　Y39.441　R – 40.；　　　　　　　（圆心角大于180°的圆弧 R 取负值）

G01　X – 40.　Y29.580；

G03　Y – 29.580　R30.；

G01　X – 11.643　Y – 34.374；

G03　X – 0.333　Y – 27.157　R10.；

G40G01　X – 18.081　Y – 8.945；

G00　Z100.；

G28；

M05　M09；

M30；

（五）思考与练习

1. 程序 O28 是一次下刀切出全部切深18mm，这在实际加工中几乎是不可能的，请仿照程序 O27 和 O271 的思路分多次切削（如 5 ~ 6 次），将本程序完善。

2. 项目后习题18、22。

五、孔加工

（一）预期学习成果与工作任务

1）熟悉孔加工工艺。

2）会选用合适的刀具加工孔。

3）会用合适的量具检测孔的精度。

4）熟悉常用孔加工的固定循环指令。

5）会加工如图 2-39 所示零件的各孔。

（二）知识学习及回顾

1. 孔加工工艺

孔加工的特点是刀具在 XY 平面内定位到孔的中心，然后刀具在 Z 方向作一定的切削运动，孔的直径由刀具的直径来决定。根据实际选用刀具和编程指令的不同，可以实现钻孔、铰孔、镗孔、攻螺纹等孔加工的形式。设计孔加工工艺时，要注意以下问题：

1）一般来说，直径较小的孔（一般指直径不大于 $\phi25$mm 的孔）可以用钻头钻孔。

2）直径较大的孔（一般指直径大于 $\phi30$mm 的孔）的加工分为有底孔和无底孔两种情况：若无底孔则必须先钻孔再扩孔，或用镗刀进行镗孔，也可以用铣刀按轮廓加工的方法铣出相应的孔；如有铸造或锻造底孔，则可直接进行镗孔或铣孔。

3）如果孔的位置精度要求较高，可以先用中心钻或定心钻钻出孔的中心位置。刀具在 Z 方向的切削运动可以用直线插补指令 G01 来实现，但一般都使用孔加工固定循环指令来实现。

4）小孔的精加工工艺一般为：钻→扩→铰，如有孔口倒角，可将其安排在铰孔之前进行。

5）大孔的精加工工艺一般为：粗镗（或粗铣）→精镗（或精铣），根据实际情况可在粗、精加工之间加入半精加工，如果精镗后精度或表面质量还不能达到要求，可再安排磨削加工。

6）M6 ~ M20 之间的螺纹孔，通常采用攻螺纹的方法加工。

7）因为加工中心上攻小直径螺纹时丝锥容易折断，故 M6 以下的螺纹，可在加工中心上完成底孔加工再通过其他手段（如手工）攻螺纹。

8）M20 以上的内螺纹，一般用螺纹铣刀铣削加工。

9）攻螺纹前钻孔用麻花钻直径≈螺纹公称直径－螺距，具体数据见本书电子资源"有关国家标准及职业标准"文件夹下的文件"攻螺纹前钻孔用麻花钻直径 GB/T 20330—2006"。

孔加工为封闭加工，一般要使用切削液。

2. 孔加工固定循环指令

孔加工是机械加工中最常见的加工工序之一，数控铣床和加工中心均能完成钻孔、扩孔、铰孔、锪孔、镗孔和攻螺纹等孔加工工序。由于某些孔加工动作已经典型化，如钻孔、镗孔的动作顺序是"孔位平面定位→快速进刀→工作进给→孔底停留（不通孔）→快速退刀"等，FANUC 系统将这一系列动作预先编好程序，存储在内存中，可供数控程序调用，这种包含了典型动作循环的 G 代码称为固定循环指令。FANUC 的固定循环指令为 G73～G89，其中 G80 为取消固定循环指令，其他为各种孔加工固定循环指令。

孔加工循环一般由如图 2-41 所示的六个动作组成，图中虚线表示快速运动，实线表示工作进给。

① $A→B$ 刀具快速定位到孔加工循环起始点 $B(X，Y)$。

② $B→R$ 刀具沿 Z 方向快速运动到参考平面 R。

③ $R→Z$ 孔加工过程（如钻孔、镗孔、攻螺纹等）。

④ Z 点，孔底动作（如进给暂停、主轴停止、主轴准停、刀具偏移等）。

⑤ $Z→R$ 刀具快速退回到参考平面 R 点。

⑥ $R→B$ 刀具快速退回到初始平面 B 点。

图 2-41　孔加工动作

（1）钻孔加工循环指令 G81

格式：G81　G98（或 G99）X ＿ Y ＿ Z ＿ R ＿ F ＿；

式中，X、Y 为孔中心的 X、Y 坐标值；Z 为孔终点 Z 坐标，在 G91 时为孔终点相对于 R 点的相对坐标（见图 2-42）；R 为参考平面中 R 点的 Z 坐标，在 G91 时为 R 点相对于 B 点的相对坐标（见图 2-42），R 点一般设在孔上方 2～5mm 处；F 为进给速度，单位为 mm/min。

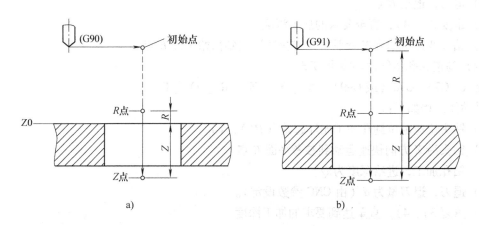

a)　　　　　　　　　　　　b)

图 2-42　固定循环指令中的 R 和 Z
a) G90 方式　b) G91 方式

G98 和 G99：孔加工完后返回平面的位置，G98 返回到初始平面，G99 返回到参考平面，返回平面的位置取决于下一孔的位置。

G81 指令的动作过程如下：

1）钻头快速定位到孔加工循环起始点 $B(X, Y)$。

2）钻头沿 Z 方向快速运动到参考平面 R 点。

3）钻孔加工。

4）钻头快速退回到参考平面或快速退回到初始平面。

该指令一般用于加工中心孔、定位孔及孔深小于 4 倍直径的通孔。

（2）钻孔加工循环指令 G82

格式：G82 G98（或 G99）X__ Y__ Z__ R__ P__ F__；

在 G82 指令中 P 为钻头在孔底的暂停时间，单位为 ms（毫秒），不带小数点。其余各参数的意义同 G81 指令。

其动作过程如下：

1）钻头快速定位到孔加工循环起始点 $B(X, Y)$。

2）钻头沿 Z 方向快速运动到参考平面 R 点。

3）钻孔加工。

4）钻头在孔底暂停进给。

5）钻头快速退回到参考平面 R 点或快速退回到初始平面 B 点。

该指令一般用于钻削孔深小于 4 倍直径的不通孔，也可用于锪孔和孔口倒角。

（3）深孔啄钻循环指令 G83 孔深大于 4 倍直径孔的加工由于是深孔加工，不利于排屑，故采用间断进给，每次进给深度为 Q，最后一次进给深度 $\leqslant Q$，直到孔底为止。

格式：G83 G98（或 G99） X__ Y__ Z__ R__ Q__ F__；

其动作过程如下：

1）钻头快速定位到孔加工循环起始点 $B(X, Y)$。

2）钻头沿 Z 方向快速运动到参考平面 R 点。

3）钻孔加工，进给深度为 Q。

4）退刀，退至 R 点。

5）重复 3）、4），直至要求的加工深度。

6）钻头快速退回到参考平面 R 或快速退回到初始平面 B 点。

（4）高速深孔啄钻循环指令 G73

格式：G73 G98（或 G99） X__ Y__ Z__ R__ Q__ F__；

其动作过程如下：

1）钻头快速定位到孔加工循环起始点 $B(X, Y)$。

2）钻头沿 Z 方向快速运动到参考平面 R 点。

3）钻孔加工，进给深度为 Q。

4）退刀，退刀量为 d（由 CNC 参数设定）。

5）重复 3）、4），直至达到要求的加工深度。

6）钻头快速退回到参考平面 R 或快速退回到初始平面 B 点。

G73 指令与 G83 指令的区别在于步骤 4），对于长径比较大的深孔，应优先使用 G83 指令。

（5）右旋螺纹加工循环指令 G84

格式：G84　G98（或 G99）　X __ Y __ Z __ R __ F __；

攻螺纹过程要求主轴转速 S 与进给速度 F 成严格的比例关系，因此，编程时要求根据主轴转速计算进给速度，进给速度 F = 主轴转速 × 螺纹螺距，其余各参数的意义同 G81 指令。

其动作过程如下：

1）主轴正转，丝锥快速定位到螺纹加工循环起始点 B(X, Y)。

2）丝锥沿 Z 方向快速运动到参考平面 R 点。

3）攻螺纹加工。

4）主轴反转，丝锥以进给速度反转退回到参考平面 R 点。

5）当使用 G98 指令时，丝锥快速退回到初始平面 B 点。

（6）左旋螺纹加工循环指令 G74

格式：G74　G98（或 G99）　X __ Y __ Z __ R __ F __；

G74 指令与 G84 指令的区别是：进给时主轴反转，退出时主轴正转，各参数的意义同 G84 指令。

其动作过程如下：

1）主轴反转，丝锥快速定位到螺纹加工循环起始点 B(X, Y)。

2）丝锥沿 Z 方向快速运动到参考平面 R 点。

3）攻螺纹加工。

4）主轴正转，丝锥退回到参考平面 R 点。

5）当使用 G98 指令时，丝锥快速退回到初始平面 B 点。

执行 G74 指令前需用 M04 指令使刀具反转。

（7）镗孔加工循环指令 G85

格式：G85　G98（或 99）　X __ Y __ Z __ R __ F __；

各参数的意义同 G81。

其动作过程如下：

1）镗刀快速定位到镗孔加工循环起始点 B(X, Y)。

2）镗刀沿 Z 方向快速运动到参考平面 R 点。

3）镗孔加工。

4）镗刀以进给速度退回到参考平面 R 点或初始平面 B 点。

G85 指令可用于镗孔、铰孔和扩孔。

（8）镗孔加工循环指令 G86

格式：G86　G98（或 G99）　X __ Y __ Z __ R __ F __；

G86 指令与 G85 指令的区别是：在到达孔底位置后，主轴停止，并快速退出。各参数的意义同 G85 指令。

其动作过程如下：

1）镗刀快速定位到镗孔加工循环起始点 B(X, Y)。

2）镗刀沿 Z 方向快速运动到参考平面 R 点。

3）镗孔加工。

4）主轴停，镗刀快速退回到参考平面 R 点或初始平面 B 点。

由于刀具在退回过程中容易在已加工表面上划出刀痕，故 G86 指令常用于粗镗和半精镗。

（9）镗孔加工循环指令 G89

格式：G89 G98（或 G99）X __ Y __ Z __ R __ P __ F __；

G89 指令与 G85 指令的区别是：在到达孔底位置后，进给暂停。P 为暂停时间，其余参数的意义同 G85 指令。

其动作过程如下：

1）镗刀快速定位到镗孔加工循环起始点 B(X, Y)。

2）镗刀沿 Z 方向快速运动到参考平面 R 点。

3）镗孔加工。

4）进给暂停。

5）镗刀以进给速度退回到参考平面 R 点或初始平面 B 点。

G89 指令常用于镗阶梯孔。

（10）精镗孔加工循环指令 G76

格式：G76G98（或 G99）X __ Y __ Z __ R __ P __ Q __ F __；

G76 指令与 G85 指令的区别是：G76 指令在孔底有三个动作：进给暂停、主轴准停（定向停止）、刀具沿刀尖的反向偏移 Q 值，然后快速退出。这样保证刀具不划伤孔的内表面。P 为暂停时间，Q 为偏移值，其余各参数的意义同 G85 指令。

其动作过程如下：

1）镗刀快速定位到镗孔加工循环起始点 B(X, Y)。

2）镗刀沿 Z 方向快速运动到参考平面 R 点。

3）镗孔加工。

4）进给暂停、主轴准停、刀具沿刀尖的反向偏移。

5）镗刀快速退出到参考平面 R 或初始平面 B 点。

G76 指令用于精镗孔，但机床须有主轴准停功能。

（11）背镗加工循环指令 G87

格式：G87 G98（或 G99）X __ Y __ Z __ R __ Q __ F __；

各参数的意义同 G76 指令。

其动作过程如下：

1）镗刀快速定位到镗孔加工循环起始点 B(X, Y)。

2）主轴准停、刀具沿刀尖的反方向偏移。

3）快速运动到孔底位置。

4）刀尖正方向偏移回加工位置，主轴正转。

5）刀具向上进给，到参考平面 R 点。

6）主轴准停，刀具沿刀尖的反方向偏移 Q 值。

7）镗刀快速退出到初始平面 B 点。

8）沿刀尖正方向偏移。

（12）取消固定循环指令 G80 G80 指令用来取消固定循环，G80 指令可以是一个单独的程序段，也可和其他指令共用一个程序段。执行 G80 指令后，系统自动回到 G00 模式。也可用 G00、G01 等 01 组指令取消固定循环。

（三）技能训练

1. 工艺分析及设计

图 2-39 所示的零件有 6 个孔，零件图上未注公差要求，形状和位置精度要求一般。选用三把刀具加工各孔，T01 为 $\phi 8mm$ 的定心钻，用来给各孔预钻工艺孔，T02 为 $\phi 10mm$ 的麻花钻，T03 为 $\phi 15mm$ 的锪孔钻，T04 为 $\phi 20mm$ 的麻花钻。工步顺序为：

1）用 $\phi 8mm$ 的定心钻给各孔预钻工艺孔。

2）用 $\phi 10mm$ 的麻花钻钻 $4 \times \phi 10mm$ 孔。

3）用 $\phi 15mm$ 的锪孔钻锪 $4 \times \phi 15mm$ 孔。

4）用 $\phi 20mm$ 的麻花钻钻 $2 \times \phi 20mm$ 孔。

2. 程序编制

（1）坐标计算　左边从下至上的三孔中心坐标：（-88，-58），（-85，0），（-88，58）；右边从上至下三孔中心坐标：（88，58），（85，0），（88，-58）。

（2）程序编制

O29；

G00　G17　G21　G40　G49　G54　G64　G80　G90；

G54；

G28；

T01　M06；

M03　M08　S800　F60；

G00　X0　Y0　Z20.；

G81　G99　X-88.　Y-58.　Z-5.　R2.；　　　　（开始钻 6 个工艺孔，前 5 孔返回到 R 平面）

X-85.　Y0；

X-88.　Y58.；

X88.　Y58.；

X85.　Y0；

G98　X88.　Y-58.；　　　　　　　　　　　　（返回到初始平面）

G80；　　　　　　　　　　　　　　　　　　　（取消固定循环）

G00　Z100.；

M05；

G28；

T02　M06；

M03　S600　F100；

G00　G43　Z100.　H02；

X0　Y0　Z20.；

G83　G99　X-88.　Y-58.　Z-45.　R3.　Q10.；　（开始钻 $4 \times \phi 10mm$ 孔，每次钻深 10mm，Z-45. 保证钻尖完全钻出工件）

Y58.；

X88. ；

G99　Y－58. ；

G80；　　　　　　　　　　　　　　　　　（取消固定循环）

G00　Z100. ；

G49；

M05；

G28；

T03　M06；

M03　S600　F100；

G00　G43　Z100.　H03；

X0　Y0　Z20. ；

G82　G99　X－88.　Y－58.　Z－16.　R3.　P500；　（开始锪4×φ15mm 孔）

Y58. ；

X88. ；

G98　Y－58. ；

G80；　　　　　　　　　　　　　　　　　（取消固定循环）

G00　Z100. ；

G49；

M05；

G28；

T04　M06；

M03　S800　F100；

G00　G43　Z100.　H04；

X0　Y0　Z20. ；

G81　G99　X－85.　Y0.　Z－45.　R3. ；　　　（开始钻2×φ20mm 孔）

G98　X85. ；

G80. ；　　　　　　　　　　　　　　　　　（取消固定循环）

G00　Z100. ；

G49；

G28；

M05　M09；

M30；

（四）巩固与提高

零件如图 2-43 所示，毛坯尺寸为 70mm×70mm×30mm，材料 45 钢。

1. 工艺分析及设计

该零件材料为 45 钢，需加工内容包括通孔、阶梯孔、螺纹孔等多个孔，加工精度及位置精度要求较高。各孔的加工方案如下：

1）钻中心孔：为保证孔的位置精度要求，对所有孔采用 A3 中心钻（也可用定心钻）钻中心孔。

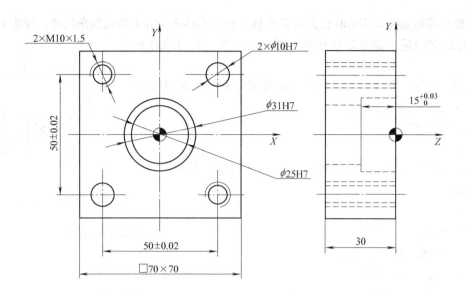

图 2-43　零件图

2）2×φ10H7 通孔：φ8.5mm 钻头钻孔→φ9.8mm 的扩孔钻扩孔→φ10H7 铰刀铰孔。

3）2×M10×1.5 螺纹孔：φ8.5mm 钻头钻螺纹底孔→螺纹孔口倒角→M10×1.5 机用丝锥攻螺纹。攻螺纹前一般须孔口倒角，以方便丝锥切入。

4）φ25H7 通孔：φ20mm 钻头钻孔→φ24mm 扩孔钻扩孔→精镗孔（或精铣孔）。

5）φ31H7 阶梯孔：φ20mm 钻头钻孔→φ24mm 扩孔钻扩孔→铣孔→精镗孔（或精铣孔）。

具体的工艺路线如下：

1）用 A3 中心钻（T01）钻各孔的工艺孔。

2）用 φ20mm 钻头（T02）给 φ25H7 通孔和 φ31H7 阶梯孔钻孔。

3）用 φ24mm 扩孔钻（T03）扩孔。

4）用 φ20mm 立铣刀（T04）铣 φ31H7 阶梯孔到尺寸 φ30mm。

5）用 φ8.5mm 钻头（T05）钻 2×M10×1.5 螺纹底孔及 2×φ10H7 通孔。

6）用 φ9.8mm 的扩孔钻（T06）扩 2×φ10H7 通孔。

7）用 φ25.01mm 镗刀（T07）和 φ31.01mm 镗刀（T08）镗 φ25H7 通孔和 φ31H7 阶梯孔到尺寸。

8）用 φ10H7 铰刀（T09）精铰 φ10H7 到尺寸。

9）用 φ25mm 锥形锪钻（T10）对 2×M10×1.5 螺纹底孔进行孔口倒角。

10）用 M10×1.5 机用丝锥（T11）攻 2×M10×1.5 螺纹。

具体的切削用量见程序。

2. 程序编制

（1）坐标计算　工件原点设在工件上表面中心，各孔中心坐标如下：

φ25H7 和 φ31H7 孔：(0, 0)，2×φ10H7 孔：(-25, -25) 和 (25, 25)，2×M10×1.5 螺纹孔：(-25, 25) 和 (25, -25)。

攻螺纹前锪钻孔口倒角时钻尖的 Z 坐标计算：零件图中并未给出倒角尺寸，螺距 1.5 的螺纹取 $C1.25$ 较合适，如图 2-44 所示，则 $Z = -(8.5/2 + 1.25) = -5.5$。

此外，应将所有非对称公差尺寸处理成对称公差尺寸，如 $15^{+0.03}_{0} \rightarrow 15.015 \pm 0.015$ 等。

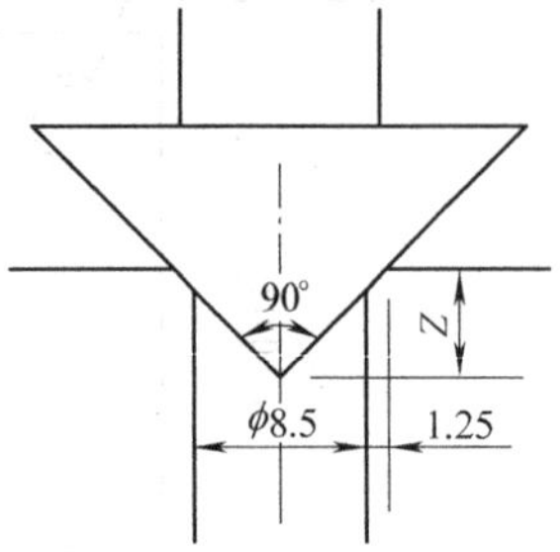

图 2-44　锪刀刀尖 Z 坐标计算

（2）程序编制

```
O30;
G00  G17  G21  G40  G49  G54  G64  G80  G90;
G54;
G28;
T01  M06;                              (换 A3 中心钻)
M03  M08  S1200  F60;
G00  X0.  Y0  Z20.;
G81  G99  X-25.  Y25.  Z-5.  R3.;      (钻5个工艺孔)
Y-25.;
X25.;
X0  Y0;
G98  X25.  Y25.;
G80;
M05;
G28;
T02  M06;                              (换 φ20mm 钻头)
M03  S800  F120
G43  G00  Z20.  H02;
G81  G98  X0  Y0  Z-35.  R5.;          (φ25H7 孔钻至 φ20mm)
G00  Z100.;
G49;
M05;
G28;
T03  M06;                              (换 φ24mm 扩孔钻)
M03  S300  F50;
G43  G00  Z20.  H03;
G85  G98  X0  Y0  Z-35.  R5.;          (φ25H7 孔扩至 φ24mm)
G00  Z100.;
G49;
M05;
G28;
T04  M06;                              (换 φ20mm 立铣刀)
M03  S800  F100;
```

```
G43    G00    Z20.    H04;
X0    Y0    Z5.;
G01    Z - 15.015;
X5.;
G03    I - 5.    J0;                    (φ31H7 孔铣至 φ30mm)
G00    Z100.;
G49;
M05;
G28;
T05    M06;                            (换 φ8.5mm 钻头)
M03    S800    F120;
G43    G00    Z20.    H05;
G81    G99    X - 25.    Y25.    Z - 35.    R5.;    (2 × M10 × 1.5 螺纹孔及 2 × φ10H7
                                                    孔钻至 φ8.5mm)
Y - 25.;
X25.;
G98    Y25.;
G00    Z100.;
G49;
M05;
G28;
T06    M06;                            (换 φ9.8mm 扩孔钻)
M03    S700    F120;
G43    G00    Z20.    H06;
G85    G99    X - 25.    Y - 25.    Z - 35.    R5.;    (2 × φ10H7 孔扩至 φ9.8mm)
G98    X25.    Y25.;
G00    Z100.;
G49;
M05;
G28;
T07    M06;                            (换 φ25.01mm 镗刀)
M03    S800    F30;
G43    G00    Z20.    H07;
G76    G98    X0    Y0    Z - 35.    R5.    Q2.    P2000;    (φ25H7 孔镗至尺寸)
G00    Z100.;
G49;
M05;
G28;
T08    M06;                            (换 φ31.01mm 镗刀)
```

G43 G00 Z20. H08;

G76 G98 X0 Y0 Z－15.015 R5. Q2. P2000; （φ31H7 孔镗至尺寸）

G00 Z100. ;

G49;

M05;

G28;

T09 M06; （换 φ10H7 铰刀）

M03 S500 F25;

G43 G00 Z20. H09;

G85 G99 X－25. Y－25. Z－33. R5. ; （φ10H7 孔铰至尺寸）

G98 X25. Y25. ;

G00 Z100. ;

G49;

M05;

G28;

T10 M06; （换 φ25mm 锥形锪钻）

M03 S150 F30;

G43 G00 Z100. H10;

G82 G99 X－25. Y25. Z－5.5 R5.0 P1000; （2×M10×1.5 螺纹孔孔口倒角）

G98 X25. Y－25. ;

G00 Z100. ;

G49;

M05;

G28;

T11 M06; （换 M10×1.5 机用丝锥）

M03 S200 F300;

G43 G00 Z100. H11;

G84 G99 X－25. Y25. Z－35. R5. ; （2×M10×1.5 螺纹孔攻至尺寸）

G98 X25. Y－25. ;

G00 Z100. ;

G49;

M05 M09;

M30;

说明：本例是以加工中心为例编程的，如用数控铣床，需要将各换刀指令改成 M00，然后手动换刀即可。

（五）思考与练习

1. 简述各孔加工固定循环指令的应用场合。

2. 项目后习题 24、25、28、36。

六、非圆曲线平面轮廓及曲面加工

（一）预期学习成果与工作任务

1）熟悉宏指令的编程方法及应用场合。

2）会用宏指令编写非圆曲线轮廓的加工程序。

3）会加工图 2-45 所示椭圆形型腔零件。

（二）知识学习及回顾

1. 常见非圆曲线的方程

（1）椭圆标准方程　椭圆的标准方程为：

$$\frac{x^2}{a^2}+\frac{y^2}{b^2}=1 \quad 或 \quad \frac{x^2}{a^2}+\frac{z^2}{b^2}=1 \quad 或 \quad \frac{y^2}{a^2}+\frac{z^2}{b^2}=1$$

式中，a、b 分别为椭圆的长半轴和短半轴。

$\frac{x^2}{a^2}+\frac{y^2}{b^2}=1$ 的参数方程为：$\begin{cases} x=a\cos\theta \\ y=b\sin\theta \end{cases}$

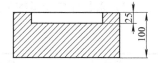
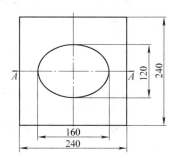

图 2-45　零件图

（2）双曲线标准方程　双曲线标准方程为：

$$\frac{x^2}{a^2}-\frac{y^2}{b^2}=1 \quad 或 \quad \frac{x^2}{a^2}-\frac{z^2}{b^2}=1 \quad 或 \quad \frac{y^2}{a^2}-\frac{z^2}{b^2}=1$$

式中，a 为双曲线实半轴长度；b 为双曲线虚半轴长度。

（3）抛物线标准方程　抛物线在 XY 平面标准方程为：

$$y^2=\pm 2px \quad (p>0)$$

（4）正弦曲线和余弦曲线

正弦曲线的方程为：$y=A\sin(ax+b)$

余弦曲线的方程为：$y=A\cos(ax+b)$

（5）多项式曲线　多项式曲线的一般方程为：

$$y=a_n x^n+a_{n-1}x^{n-1}+\cdots+a_1 x+a_0$$

（6）阿基米德螺线　XY 平面内的阿基米德螺线的极坐标标准方程为：

$$\rho=a\theta$$

2. 宏程序（宏指令）

到目前为止讲述的零件的组成要素均为直线或圆弧，但还有许多零件并不仅仅是由这两种曲线组成，可能还有其他曲线，如椭圆、样条曲线等，一般将这些曲线统称为非圆曲线。由于绝大多数数控机床只有直线和圆弧两种插补功能，这些数控机床加工非圆曲线只能用逼近法来近似加工这些轮廓，即用很多小段直线或圆弧来逼近非圆曲线，然后用这些直线段或圆弧段来代替非圆曲线作为刀具的运动轨迹。通过手工计算来获得这些节点的坐标显然是不太现实的，常用的处理方法有手工编程的宏程序（也称为宏指令）和自动编程。本节只介绍 FANUC 系统的宏程序，自动编程将在下一模块介绍。

宏程序的编制方法简单地解释就是利用变量编程的方法。用户利用数控系统提供的变量、数学运算功能、逻辑判断功能、程序循环功能等功能，来实现一些特殊的用法。FANUC 的宏程序有 A 类和 B 类两种，这里只介绍常用的 B 类宏指令。

（1）变量的表示　变量可以用"#"号和跟随其后的变量序号来表示：#$i(i=1,2,\cdots)$，如#5，#109，#501等。

（2）宏程序中变量的类型　FANUC的变量有四种类型，见表2-5。

表2-5　FANUC变量类型

变 量 号	变 量 类 型	功　　　能
#0	空变量	该变量总是空，没有值能赋给该变量
#1 ~ #33	局部变量	只能用在宏程序中存储数据，例如，运算结果。当断电时局部变量被初始化为空。调用宏程序时，自变量对局部变量赋值
#100 ~ #199 #500 ~ #999	公共变量	在不同的宏程序中的意义相同。当断电时，变量#100 ~ #199初始化为空。变量#500 ~ #999的数据保存，即使断电也不丢失
#1000 ~	系统变量	用于读和写CNC运行时各种数据的变化，例如：刀具的当前位置和补偿值

（3）变量的赋值　如#5 = 23.0，#100 = #102 + 1.0，#100 = #101 + #102，等。

（4）变量的引用　将跟随在一个地址后的数值用一个变量来代替，即引入了变量。如：F#103，若#103 = 50时，则为F50；Z#110，若#110 = 100，则为Z100；G#130，若#130 = 3时，则为G03。当用表达式指定变量时要把表达式放在括号中，如G01　X[#1 + #2]。

（5）算术运算　在变量与变量之间，变量与常量之间，可以进行各种运算，常用的算术运算见表2-6。

表2-6　常用的算术运算

算 术 运 算	格　　式	说　　明
赋值	#i = #j	
加	#i = #j + #k	
减	#i = #j − #k	
乘	#i = #j * #k	
除	#i = #j/#k	
正弦	#i = SIN [#j]	
反正弦	#i = ASIN [#j]	
余弦	#i = COS [#j]	函数必须带括号[]，函数符号大小写均可 角度单位为度（°）
反余弦	#i = ACOS [#j]	
正切	#i = TAN [#j]	
反正切	#i = ATAN [#j]	
平方根	#i = SQRT [#j]	
绝对值	#i = ABS [#j]	
四舍五入圆整	#i = ROUND [#j]	
上取整	#i = FIX [#j]	若操作后产生的整数绝对值大于原数的绝对值时为上取整，若小于原数的绝对值时为下取整
下取整	#i = FUP [#j]	

（续）

算 术 运 算	格　　式	说　　明
自然对数	$\#i = \mathrm{LN}\ [\#j]$	
指数函数	$\#i = \mathrm{EXP}\ [\#j]$	
或	$\#i = \#j\ \mathrm{OR}\ \#k$	
异或	$\#i = \#j\ \mathrm{XOR}\ \#k$	逻辑运算对二进制数逐位进行
与	$\#i = \#j\ \mathrm{AND}\ \#k$	

（6）控制指令

1）无条件转移（GOTO 语句）。

语句格式为：GOTO　n；

其中 n 为某程序段的顺序号（1~9999），可用常量或变量表示。例如："GOTO　20"；表示转去执行 N20 程序段；"GOTO　#10"；表示转去执行 N#10 程序段（变量#10 须有确切的数值）。

2）条件转移（IF 语句）有 IF　GOTO 和 IF　THEN 两种格式：

格式一：IF［条件表达式］GOTO　n；

条件表达式成立时，转去执行顺序号为 n 的程序段；条件式不成立时，执行 IF 程序段的下一个程序段。如：

IF　［#101 GT 10.］　GOTO　20；

G01 …；

N20　G03 …；

如果条件不满足，执行 G01 …，如果条件满足，则执行 N20　G03 …。

条件表达式必须包括运算符，运算符插在两个变量中间或变量和常数中间，并且用括号［］封闭，表达式可以替代变量。

运算符由两个字母组成，用于两个值的比较，以确定它们的大小关系。常用的运算符及其含义见表2-7。

表 2-7　常用的运算符及其含义

运 算 符	含　　义	格　　式
EQ	等于	$\#j\ \mathrm{EQ}\ \#k$
NE	不等于	$\#j\ \mathrm{NE}\ \#k$
GT	大于	$\#j\ \mathrm{GT}\ \#k$
LT	小于	$\#j\ \mathrm{LT}\ \#k$
GE	大于等于	$\#j\ \mathrm{GE}\ \#k$
LE	小于等于	$\#j\ \mathrm{LE}\ \#k$

例如，下面的程序可以计算数值 1~10 的总和：

O3100；

#1 = 0；

#2 = 1；

N10　IF ［#2　GT　10］GOTO　20；

#1 = #1 + #2；

#2 = #2 + 1；

GOTO 10；

N20 M30；

格式二：IF ［条件表达式］THEN；

如果条件表达式满足，执行预先决定的宏程序语句，只执行一个宏程序语句。如 IF ［#3 GT 0］THEN　#6 = #33 − #1。

3）循环语句（WHILE 语句）。

语句格式为：WHILE ［条件表达式］DO　m（m = 1，2，3）；

…

END　m；

当条件语句成立时，程序执行从 DO　m 到 END　m 之间的程序段；如果条件不成立，则执行 END　m 之后的程序段。DO 和 END 后的数字是用于表明循环执行范围的识别号。可以使用数字 1、2 和 3，如果是其他数字，系统会产生报警。DO-END 循环能够按需执行多次。

注意：WHILE　DO　m 和 END　m 必须成对使用（即 DO 1 对应 END 1，DO 2 对应 END 2 等）；DO 语句允许有 3 层嵌套，DO 语句范围不允许交叉，即如下语句是错误的：

DO 1

DO 2

END 1

END 2

而应该是：

DO 1

DO 2

END 2

END 1

下面的程序也可计算数值 1 ~ 10 的总和：

O0001

#1 = 0；

#2 = 1；

WHILE ［#2 LT 10］　DO 1；

#1 = #1 + #2；

#2 = #2 + 1

END1；

M30；

另外，在录入程序时，如果将"DO 1"误输成"D 01"（即数字01），系统是不会报错的，因为"DO 1"和"D 01"都是合法的程序字。

（三）技能训练

1. 工艺分析及设计

图 2-45 所示零件只加工一个椭圆形的型腔，如果仅就加工出轮廓和切除多余材料的角度来说，至少有以下三种典型的进给路线：

1）用直径较大的立铣刀（如 $\phi40mm$）在椭圆长轴线上走一段直线，然后沿椭圆轮廓绕行一周。

2）粗加工时让刀具走同心圆环，然后沿椭圆轮廓绕行一周。

3）粗、精加工均让刀具走椭圆。

其中路线 2）和 3）均不需要太大的刀具，路线 1）和 2）编程较简单，但精加工椭圆轮廓时加工余量太不均匀，轮廓度较差，为了更充分地介绍宏指令的应用，特采用路线 3）。

2. 程序编制

（1）编程准备　工件原点设在工件上表面中心，如图 2-45 所示，零件椭圆长半轴尺寸为 80，短半轴尺寸为 60，则椭圆方程为 $\dfrac{x^2}{80^2}+\dfrac{y^2}{60^2}=1$，为使编程方便，使用其参数方程：

$x=80\cos\theta$，$y=60\sin\theta$，$0\leqslant\theta\leqslant360°$

（2）程序编制　我们先来介绍如何利用宏指令让刀具切出一个椭圆轮廓：

…	（设在此期间已进行了刀补，已下刀）
G01　X80. Y0；	（椭圆加工的起点）
#101 = 80. ；	（椭圆长半轴）
#102 = 60. ；	（椭圆短半轴）
#103 = 0. ；	（自变量 θ 的初值）
#104 = 0. 5；	（θ 的变化间距，即每隔 0. 5°取一个点，此值越小轮廓的精度越高）
WHILE ［#103 LE 360. ］ DO 1；	（如果 θ 不超过 360°，则执行循环体切椭圆）
#110 = #101 ∗ COS ［#103 + #104］；	（$x=80\cos\theta$）
#111 = #102 ∗ SIN ［#103 + #104］；	（$y=60\sin\theta$）
G01　X ［#110］ Y ［#111］；	（直线插补，即用直线段来代替椭圆）
#103 = #103 + #104；	（$\theta=\theta+0.5$，让 θ 逐步加大）
END 1；	
…	

下面先按路线 1）来编程，轮廓加工刀具的最大半径不能超过轮廓内凹部分的最小曲率半径，本例选择 $\phi40mm$ 的立铣刀，由于立铣刀不宜直接垂直下刀，还是先用钻头（$\phi20mm$，T01）钻一个工艺孔，然后用立铣刀（T02）加工椭圆。当然，如果毛坯已有底孔，则跳过此步，直接进行粗、精加工。

O311；

G00　G40　G49　G17　G21　G90；

G54；

```
G28；
T01  M06；
M03  M08  S500  F60；
G00  X－41. Y0  Z30.；
G82  G98  Z－23. R5. P1000；        （钻立铣刀下刀时的工艺孔）
G28；
M05；
T02  M06；
M03  S800  F100；
G43  G00  Z100. H02；              （刀具长度补偿）
X－41. Y0  Z10.；
G01  Z－25.；                       （下刀）
X39.；
G41  X80. Y0  D02；               （刀具半径补偿）
#101＝80.；                        （椭圆的长半轴）
#102＝60.；                        （椭圆的短半轴）
#103＝0；
#104＝0.5；                        （取点间距）
WHILE［#103 LE 360.］ DO 1；       （如果θ不超过360°，则执行循环体
                                   切椭圆）
#110＝#101＊COS［#103＋#104］；      （X 坐标值）
#111＝#102＊SIN［#103＋#104］；      （Y 坐标值）
G01  X［#110］ Y［#111］；
#103＝#103＋#104；
END 1；
G00  Z100.；                      （提刀）
G49；                             （取消刀具长度补偿）
G40  X0  Y0；                     （取消刀具半径补偿）
M05  M09；
M30；
```

说明：

1）程序 O311 旨在介绍宏指令的编程方法，故一次下刀切出全部切深，实际加工时应根据刀具的刚度分多次加工（25mm 的切深至少要 5 次左右）。

2）程序 O311 并没区分粗、精加工，而是一次切削到尺寸，请读者参照程序 O3310 将此程序完善。

下面介绍路线 3）的编程，还是先用钻头（ϕ20mm，T01）钻一个工艺孔，然后用立铣刀（ϕ20mm，T02）用环切法进行粗加工（见图 2-46），由于轮廓较深，分两次切除（实际加工时应根据刀具及工件的情况分多次加工），最后安排一次精加工，精加工椭圆轮廓时为了避免下进刀痕迹，最好采用补充圆弧切向切入和切出（见图 2-47）。

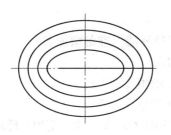

图 2-46　粗加工刀心路线

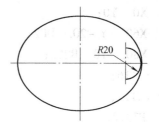

图 2-47　精加工编程路线

程序如下：

主程序：

O3310；

G00　G40　G49　G17　G21　G90；

G54；

G28；

T01　M06；

M03　M08　S500　F60；

G00　X－27.2.　Y0　Z30.；

G82　G98　Z－23.　R5.　P1000；　　　　（钻立铣刀下刀的工艺孔）

G28；

M05；

T02　M06；

M03　S600　F200；

G43　G00　Z100.　H02；　　　　（刀具长度补偿）

X－27.2.　Y0　Z10.；

G01　Z－13.；　　　　（第一次下刀）

X27.2.；

#116＝80.；　　　　（椭圆的长半轴）

#117＝60.；　　　　（椭圆的短半轴）

#108＝10.；　　　　（铣刀半径）

#109＝2.；　　　　（精加工余量）

#106＝#116－#108－#109；　　　　（粗加工最后一刀时椭圆的长半轴）

#107＝#117－#108－#109；　　　　（粗加工最后一刀时椭圆的短半轴）

M98　P3311；　　　　（调用子程序 O3311 一次，粗加工至深度

　　　　　　　　　　　13mm）

G01　X－27.2.　Y0；

Z－25.；　　　　（第二次下刀）

M98　P3311；　　　　（调用子程序 O3311 一次，粗加工至深度

　　　　　　　　　　　25mm）

S800　F100；　　　　（改变切削用量）

```
G01    X0    Y0；
G41    X60.   Y－20.  D02；        （刀具半径补偿，准备精加工）
G03    X80.   Y0   R20.；          （圆弧切入）
#101 = #116；                       （将#101 的值变为 80）
#102 = #117；                       （将#102 的值变为 60）
M98    P3312；                      （调用子程序 O3312 一次，精加工椭圆轮廓）
G03    X60.   Y20.  R20.；         （圆弧切出）
G40    G01   X0   Y0；             （取消刀具半径补偿）
G00    Z20.；                       （加工完毕，提刀）
G49    Z100.；                      （取消刀具长度补偿）
M05    M09；
M30；
子程序 1：
O3311；
#105 = 0.4；                        （椭圆缩放系数）
WHILE［#105 LE 1.］  DO 1；        （如果#105≤1，则执行循环体）
#101 = #106 * #105；
#102 = #107 * #105；
M98    P3312；                      （调用子程序 O3312 一次）
#105 = #105 + 0.2；                 （#105 的值每次加大 0.2）
END 1；
M99；                                （返回上一级程序）
子程序 2：
O3312；
#103 = 0；
#104 = 0.5；
G01    X［#101］  Y0；
WHILE［#103 LE 360.］  DO 2；
#110 = #101 * COS［#103 + #104］；
#111 = #102 * SIN［#103 + #104］；
G01    X［#110］  Y［#111］；
#103 = #103 + #104；
END 2；
M99；                                （返回上一级程序）
```

说明：

1）粗加工也走椭圆是为了使精加工时背吃刀量较均匀。

2）粗加工时没有采用刀具半径补偿，粗加工走的椭圆其实与精加工的椭圆轮廓并不相似。

3）本程序采用了两个子程序，仿真和实操时先调入子程序，然后再调主程序执行即可。

4）本程序粗加工时分两次加工出全部深度，其实也可用宏指令来控制分几次切完全部切深，每次背吃刀量是多少。假设本例要求分 5 次切完 25mm 的深度，每次背吃刀量为 5mm，试在上述程序的基础上用宏指令来达到这一要求。

（四）巩固与提高

零件如图 2-48 所示，毛坯尺寸为 100mm×100mm×50mm，材料 45 钢。

1. 工艺分析及设计

如图 2-48 所示，零件仅加工一个凹半球面，如果机床有回转工作台，则编程和加工都非常简单，如果机床没有回转台，可用宏指令来编程加工出来。由于球头铣刀的刀尖速度为零，故先用一把钻头（ϕ30mm，T01）加工一个工艺孔并顺便切除中间的部分材料，然后用一把球头铣刀（ϕ20mm，T02）加工凹球面。

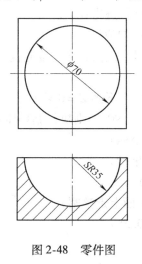

图 2-48 零件图

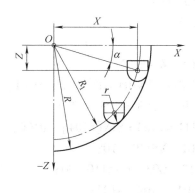

图 2-49 刀心轨迹计算

2. 程序编制

（1）编程前的有关计算 刀心的运动轨迹如图 2-49 所示，图中 r 为刀具半径，R 为球半径，R_1 为刀心轨迹半径（$R_1 = R - r$）。α 为刀心位置的角度（自变量），由于刀具要在 G17 和 G18 两个平面上走圆弧，不便使用刀具半径补偿，故直接描述刀尖的运动轨迹，其实刀尖与刀心的运动轨迹是一样的，也是一个半径为 R_1 的圆弧，球头铣刀刀尖和刀心的 X、Y 坐标值是相同的，Z 坐标值相差一个刀具半径。因此，刀尖的坐标计算为：

$$x = R_1\cos\alpha, \quad z = R_1\sin\alpha - r$$

（2）程序编制

程序如下：

O34；

G00 G40 G49 G17 G21 G90；

G54；

G28；

T01 M06；

```
M03    S500    F60；
G00    X0    Y0    Z30.；
G82    G98    Z－34.    R5.    P500；          （钻工艺孔兼切除余量）
G28；
M05；
T02    M06；
M03    S800    F100；
G43    G00    Z100.    H02；
X0    Y0    Z30.；
#101＝35.；                                    （球面半径）
#102＝10.；                                    （刀具半径）
#103＝#101－#102；                             （刀具运动轨迹半径）
#104＝0；                                      （角度 α 的初值）
#105＝1.；                                     （角度增量，此值越小精度越高，但加工时
                                                 间越长）

G01    Z－#102；                               （下刀，刀心下到 Z＝0 处）
WHILE ［#104 GT －90.］ DO 1；                  （如果 α＞－90°，则执行循环体）
#110＝#103＊COS［#104］；                        （刀尖 X 坐标）
#111＝#103＊SIN［#104］－#102；                   （刀尖 Z 坐标）
G01    X#110    Y0；                           （走直线）
G17    G03    I－#110    J0；                   （在 XY 平面上走整圆）
#104＝#104－#105；                             （α＝α－0.5°）
#110＝#103＊COS［#104］；
#111＝#103＊SIN［#104］－#102；
G18    G02    X#110    Z#111    R#103；         （在 XZ 平面上走圆弧）
END 1；
G17    G00    Z100.；                          （恢复为 XY 平面，提刀）
G49；
M05；
M30；
```

说明：

本程序是一个加工半球面的通用程序，如果零件变了，只需改变变量#101 的值即可，如果刀具尺寸变了，只需改变变量#102 的值即可。

（五）实用技术——铣螺纹

下面介绍生产实际中常用的螺纹铣削加工，并用宏指令来编写一个通用程序。

1. 知识学习与回顾

（1）铣螺纹　铣螺纹就是利用螺纹铣刀（见图 1-55）铣削内、外螺纹的加工方法，与其他螺纹加工方法相比，螺纹铣削有如下优点：

1）螺纹铣削免去了采用大量不同类型丝锥的必要性。

2）一把螺纹铣刀可加工具有相同螺距的任意螺纹直径，既可加工右旋螺纹，也可加工左旋螺纹。

3）加工始终产生的是短切屑，因此不存在切屑处置方面的问题。

4）刀具破损的部分可以很容易地从零件中去除。

5）不受加工材料限制，那些无法用传统方法加工的材料可以用螺纹铣刀进行加工。

6）对于没有过渡扣或退刀槽的结构，采用车削、丝锥、板牙很难加工，采用数控铣削却很容易实现。

7）螺纹铣削和镗孔的加工工艺基本相似，加工过程中，螺纹直径尺寸的调整极为方便，而丝锥和板牙则根本实现不了，同一把螺纹铣刀可以加工出很多不同直径等螺距的螺纹（因为刀片根据螺距不同划分规格）。

8）螺纹的起始角的控制，对于车削加工，丝锥和板牙很难保证不同零件的螺纹起始角相同，铣削加工只需从同一点进刀就可以很容易实现不同零件具有相同起始角。

（2）螺旋插补指令 G02 和 G03　螺旋线的形成是刀具作圆弧插补的同时与之同步地作轴向直线运动，其指令格式为：

$$G17\binom{G02}{G03} X\_\_ Y\_\_ Z\_\_ \begin{Bmatrix} I\_\_ J\_\_ \\ R\_\_ \end{Bmatrix} \alpha\_\_(\beta\_\_)F\_\_;$$

$$G18\binom{G02}{G03} X\_\_ Y\_\_ Z\_\_ \begin{Bmatrix} I\_\_ K\_\_ \\ R\_\_ \end{Bmatrix} \alpha\_\_(\beta\_\_)F\_\_;$$

$$G19\binom{G02}{G03} X\_\_ Y\_\_ Z\_\_ \begin{Bmatrix} J\_\_ K\_\_ \\ R\_\_ \end{Bmatrix} \alpha\_\_(\beta\_\_)F\_\_;$$

其中：G02、G03 为螺旋线的旋向，其含义同圆弧插补指令 G02 和 G03；X、Y、Z 为螺旋线终点坐标；I、J、K 为螺旋线的投影圆的圆心在 X、Y、Z 轴相对于螺旋线起点的相对坐标；R 为螺旋线投影圆的半径；α、β 为圆弧插补不用的任意一个轴，最多能指定两个其他轴，如无特殊需要，可省略；F 指令指定沿圆弧的进给速度，因此沿螺纹轴线的进给速度 $= F \times$ 直线轴的长度/圆弧的长度。图 2-50 所示为 G17　G03 的情况。

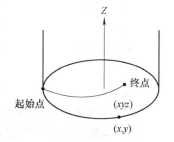

图 2-50　螺旋插补指令

注意：在指令螺旋线插补的程序段中不能指令刀具偏置和刀具长度补偿。

如图 2-50 所示，如起点坐标为（0，0，0），圆弧半径为 15mm，终点坐标为（30，0，5），F 为 100mm/min，则螺旋线程序为："G17　G03　X30. Y0 Z5. I15. J0 F100"；或"G17　G03　X30. Y0. Z5. R15. F100"。

2. 用宏程序铣螺纹

（1）内螺纹铣削　如加工 M72×2－6H 螺纹，螺纹长度为 50mm，工件原点设在螺纹孔上表面中心，经查表计算知螺纹小径尺寸为 $\phi69.835^{+0.375}_{0}$ mm（注：$D_1 = D - 1.0825P$），铣螺纹将螺纹加工到 $\phi70.023$mm 左右。用 $\phi30$mm、螺距为 2mm 的机夹螺纹铣刀加工，刀片切削刃长 24mm。

O1111；

G40 G49 G80 G90 G17；

G28；

G54；

M03 M08 S800 F100；

G00 X0 Y0 Z4.；   （刀具下降，引入距离为4mm）

#101 = 2.；   （螺距）

#102 = 36.；   （内螺纹大径的半径）

#103 = 15.；   （刀具半径）

#104 = #102 − #103；   （螺纹槽底圆半径#102减去一个刀具半径#103）

#105 = 50.；   （螺纹长度，可适当超出实际值，最好取螺距的整数倍，不超出退刀槽即可）

#106 = #101；   （刀心Z轴坐标）

G01 X#104；   （X轴进刀到螺纹小径，刀具在螺纹的内侧）

WHILE ［#106 GE −#105］ DO 1；   （如果没到螺纹终点，则执行循环体）

G02 X#104 Y0 Z#106 I −#104 J0； （铣削一圈螺纹，螺纹周向起点在X轴上，圆心坐标是螺纹中心，右旋正螺纹用G02指令，左旋螺纹用G03指令）

#106 = #106 − #101；   （对Z轴坐标赋值运算）

END 1；

G00 X0；   （刀具离开螺纹）

Z20.；   （抬刀）

M05 M09；

M30；

说明：

1）本程序不仅适用于铣螺纹，也适用于镗（车）螺纹。

2）本程序没有采用刀具半径补偿，加工路线如图2-51所示。采用刀具半径补偿的程序请读者自行编制。

3）本程序为自上至下切削，即由工件外开始切削。实际加工时也可由下至上切削，即先将刀具下降到螺纹底部，然后X向进刀到螺纹大径（最好象加工内轮廓那样作一补充圆弧沿切向进刀），最后逐渐上升直至切出全部牙形，此种方法在刀片较长时可节省加工时间，特别是刀片比零件螺纹长时，加工1～2圈即可退刀。

（2）外螺纹铣削 外螺纹的加工方法有车、板牙攻螺纹和铣削等，这里以铣削 M45 × 2 − 6h 的

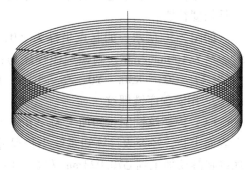

图2-51 加工路线

外螺纹为例介绍铣外螺纹的宏程序，工件坐标原点、螺纹长度及所用刀具均同上。查表知螺纹大径尺寸为 $\phi45_{-0.280}^{0}$ mm，故铣螺纹前需将外圆加工至 $\phi44.86$ mm 左右，螺纹小径 $d_1 = 44.86$ mm $- 1.0825 \times 2$ mm $= 42.695$ mm。

O1112;	
G40　G49　G80　G90　G17;	
G54;	
M03　M08　S800　F100;	
G00　X0　Y0　Z4.;	（刀具下降，引入距离为4mm，其实铣外螺纹时一开始可以让刀具和工件重叠一部分，X向进刀时由切向进刀，见图2-52）
#101 = 2.;	（螺距）
#102 = 21.347;	（外螺纹小径的半径）
#103 = 15.;	（刀具半径）
#104 = #102 + #103;	（螺纹槽底圆半径#102 加上一个刀具半径#103）
#105 = 50.;	（螺纹长度，可适当超出实际值，最好取螺距的整数倍，不超出退刀槽即可）
#106 = #101;	（刀心 Z 轴坐标）
G01　X#104;	（X轴进刀到螺纹小径，刀具在螺纹的外侧）
WHILE　[#106 GE -#105]　DO 1;	（如果没到螺纹终点，则执行循环体）
G02　X#104　Y0　Z#106　I -#104　J0;	（铣削一圈螺纹，螺纹周向起点在 X 轴上，圆心坐标是螺纹中心，右旋螺纹用 G02，左旋螺纹用 G03）
#106 = #106 - #101;	（对 Z 轴坐标赋值运算）
END 1;	
G00　X[#104 + 5.];	（刀具离开螺纹5mm）
Z20.;	（抬刀）
M05　M09;	
M30;	

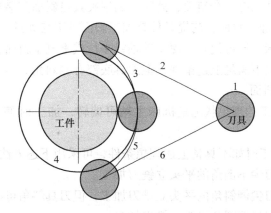

图 2-52　铣外螺纹

（六）思考与练习

项目后习题 19~24。

七、倒斜角、倒圆角、斜面及锥面加工

（一）预期学习成果与工作任务

1）会对孔口倒角。

2）会对圆柱、圆锥及棱边倒斜角和圆角。

3）会加工斜面和内外圆锥面。

4）会编程加工如图 2-53 所示的零件。

（二）知识学习及回顾

1. 倒角

倒斜角一般用倒角刀，也可用定心钻。倒角刀有整体式和可转位式两种，如图 2-54 所示，其形状与锪刀基本相同，但锪刀主要用于垂直进刀加工孔口倒角，倒角刀可垂直于刀具轴线切削，可用于内孔倒角、外圆倒角和棱边倒角，倒角角度一般为 45°。

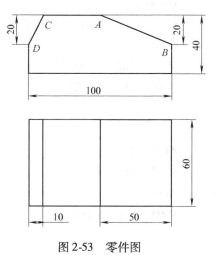

图 2-53　零件图

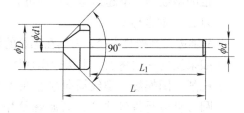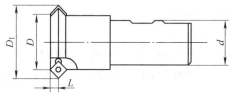

图 2-54　倒角刀

倒圆角可用圆角铣刀，如果没有相应的刀具，可用底部有圆弧的平底铣刀或球头铣刀结合宏程序来加工。

2. 斜面和锥面加工

较理想的斜面加工有以下几种情况：

1）零件只有一个斜面，此时可利用夹具将斜面安装成水平面或铅垂面，这样就可像加工平面一样加工斜面，前提条件是加工斜面时不与夹具、机床及工件的其他部位产生干涉。

2）机床主轴可偏转，使主轴轴线平行或垂直于斜面，前提条件同 1）。

3）虽然不满足上述条件，但刀具底部有倒斜角，且刀具的斜角与斜面一致，如用倒角刀加工 45°斜面。

锥面加工的理想状况是机床主轴可偏转，加工时使机床主轴轴线与锥面轴线平行即可。

实际加工时如不具备上述理想条件，可采用下述方法：

1）用刀尖不倒角的平头立铣刀加工。

2）用刀尖倒斜角的平头立铣刀加工，但刀具斜角可能和工件不一致。

3）用刀尖倒圆角平头立铣刀加工。

4）用球头铣刀加工。

这几种方法都会在加工表面上留下残余高度，一般需要进行后续的人工抛光。其中方法1）由于刀具磨损太大且易崩刃，一般不采用；方法2）、3）、4）中加工效果最好的是方法2），但不一定能使用标准刀具，可能需要操作者刃磨刀具；方法3）和4）的加工效果相当，但方法4）的刀具磨损要小一些。下面以方法4）为例来说明加工斜面和锥面的有关问题及其解决办法。

使用球头刀进行平面、斜面或曲面的加工时都会留下残余高度（见图2-55），图2-56为残余高度与刀轨行距之间的换算关系图，图中 R 为刀具半径，S 为刀具在水平面上的刀轨行距，β 为斜面或锥面的倾角，则 $O_1O_2 = S/\cos\beta$，由 $\mathrm{Rt}\triangle BO_2C$ 可知：

$$O_2C^2 + BC^2 = R^2$$

则残余高度 $h = AC = R - \sqrt{R^2 - \left(\dfrac{S}{2\cos\beta}\right)^2}$

或水平方向行距 $S = 2\cos\beta\sqrt{2Rh - h^2} \approx 2\cos\beta\sqrt{2Rh}$

Z 方向行距 $\approx 2\sin\beta\sqrt{2Rh}$

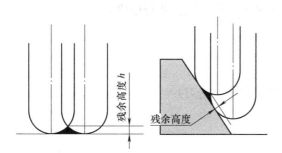

图2-55　球头铣刀加工平面和
斜面时的残余高度

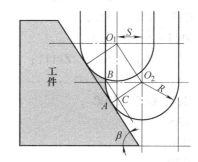

图2-56　残余高度和刀轨行距的关系

采用球头铣刀铣削斜面或锥面时，加工面内刀具半径不是刀具半径 R，而是有效半径 r，其值为 $r = R\sin\beta$，如图2-57所示。由于刀具要在 G17 和 G18 两个面内切削，不采用刀具半径编程较为方便，这样，加工 AB 轮廓时编程路线应为 A_1B_1，二者在 Z 向的距离为 $R/\cos\beta - R$。

（三）技能训练

1. 数据分析

设图2-53所示零件的工件坐标原点在工件上表面中心，刀具选用 $\phi 20\mathrm{mm}$ 的球头铣刀，则直线 AB 的方程为：$z = -\dfrac{2}{5}x$ 或 $x = -\dfrac{5}{2}z$。直线 A_1B_1 与 AB 的 Z 向距离为：$R/\cos\beta - R = 20\sqrt{50^2 + (20)^2}/50 - 20 \approx 0.770\mathrm{mm}$。则直线 A_1B_1 的方程为：$z = -\dfrac{2}{5}x + 0.770$ 或 $x = -\dfrac{5}{2}z + 1.926$。

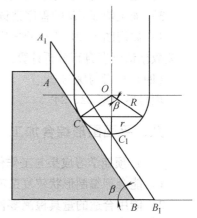

图2-57　刀尖编程路线分析

2. 程序编制

刀具在 XY 平面连续进给，在 Z 向逐渐下刀直到切完，加工斜面 AB 的程序如下：

O339；

G00 G40 G49 G17 G21 G90；

G54；

M03 S800 F80；

G00 X0 Y31. Z25. ；

#101 = 0.5；　　　　　　　　　　　　（Z 方向行距）

#102 = 0.770；　　　　　　　　　　　（刀尖和切削点轨迹间的 Z 向距离）

#111 = #102；　　　　　　　　　　　（自变量 Z 的初值）

G01 Z#102；　　　　　　　　　　　（下刀，准备加工）

WHILE ［#111 GE − 23. ］ DO 1；　　（如果斜面没加工完，则执行循环体切削斜面）

G17G01 Y − 31. ；　　　　　　　　　（如果加工锥面，将此程序段改为 G02 或 G03…）

#112 = − 50. /20. * #111 + 1.926；　　（刀尖的轨迹方程 $x = -5z/2 + 1.926$）

G18G01 X#112 Z#111；　　　　　　（如果加工锥面删去此程序段）

G17 G01 Y31. ；　　　　　　　　　（如果加工锥面删去此程序段）

#111 = #111 − #101；

G18 G01 X#112 Z#111；

END 1；

G17 G00 Z100. ；　　　　　　　　　（加工完毕，抬刀）

M05；

M30；

说明：

1）本程序适用于斜面或锥面下方没有轮廓的情况，如果斜面或锥面下方有轮廓，使用本程序将会发生过切现象，此时可改变循环的终值，最后几刀改为用刀尖带圆角的平头立铣刀加工即可。

2）程序中的有关数据也可用变量的方式让程序自己计算。

3）加工斜面 CD 的程序请读者自行编制。

4）如用图 1-33b 所示的平底 R 刀加工，或用图 2-54 所示的底部有倒斜角的刀具加工，有关数据请读者自行分析计算。

（四）思考与练习

项目后习题 22、24。

八、平面图形综合加工

（一）预期学习成果与工作任务

1）能合理编制形状较复杂零件的加工工艺。

2）能用合适的量具检测零件，并能根据检测结果调试及修改程序。

3）能编制如图 2-58 所示零件的数控加工程序，并能仿真加工和实际加工。

零件如图 2-58 所示，毛坯尺寸为 160mm × 120mm × 30mm，材料为 45 钢。

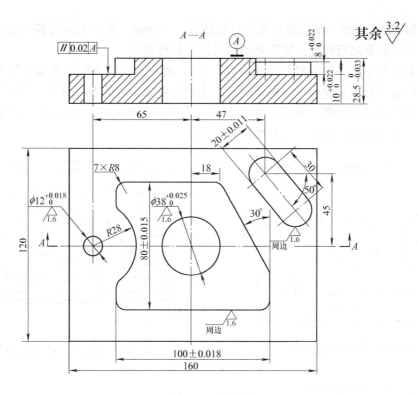

图 2-58　零件图

（二）知识学习及回顾

1. 平面轮廓粗加工刀路设计

前面已经介绍了粗加工刀路设计的有关方法，现进一步总结如下：

（1）零件只有单一的平面外轮廓或内轮廓　粗加工的主要任务是尽快切除多余的材料，对于单一的平面内外轮廓的零件加工，如图 2-19、图 2-27 所示零件，粗加工时可不用进行专门的刀路设计，即粗加工采用精加工的刀具路线，只是比精加工采用更大的刀具半径补偿，具体方法是程序按照精加工的轮廓来编制，精加工的刀具半径补偿为刀具的半径 $R_刀$，粗加工时，将刀具半径补偿设为 $R_刀 + \Delta_1$，运行一次程序，然后再将刀具半径补偿设为 $R_刀 + \Delta_2$，运行一次程序，循环往复，最后一次将刀具半径补偿设为 $R_刀$（即精加工）即可。

（2）零件具有多个内外轮廓　对于具有多个内外轮廓的零件来说（如图 2-34、图 2-39 和图 2-58 所示零件），如果采用上述方法将会产生干涉。因此，对于这类零件来说，需进行粗加工刀路设计，下面主要以图 2-58 所示零件来说明如何利用 CAD 软件对这类零件进行粗加工刀路设计。

1）在 CAD 软件里画出要进行刀路设计的轮廓，某些细小的轮廓如倒角可不画，画图前将各非对称公差尺寸转换成对称公差尺寸。

2）画出轮廓的偏置线，偏置距离为粗加工刀具半径加上半精加工余量和精加工余量，如果偏置线有间断，间断部分可用直线连接起来，剪掉偏置线的交叉部分，即得到粗加工的边界线，如图 2-59 所示。

3）多轮廓零件粗加工刀具路线有很多种，大体上有三种典型的刀路：行切法（一行一行地切）、环切法（一圈一圈地切）及先行切最后一刀环切，每种方法又有一些变型，如行切法有单向行切和双向行切等。这里介绍相对简单的行切法。

按照一定的行距画一条条水平线（或垂直线），将粗加工边界线内的水平线剪去，然后将粗加工边界线外的水平线有序地连接起来，此即为粗加工时的刀心路径，如图 2-60 所示。行距一般取刀具直径的 70% ~ 90%，通常取刀具直径的 75% 左右。图 2-60 中的虚线表示抬刀后的轨迹，图中的某些圆弧可用直线代替。

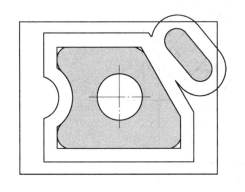

图 2-59 粗加工的边界线

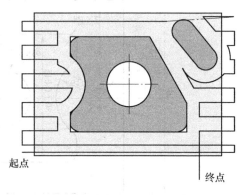

图 2-60 粗加工时的刀心路径

4）捕捉刀路上各点的坐标。

5）行切完后，可根据需要决定是否环切一刀。

2. 平面轮廓半精加工和精加工刀路设计

半精加工的目的是为了使精加工时轮廓各部分的余量均匀，如果粗加工的最后一刀是环切而零件的精度要求又不是很高时可不设半精加工，半精加工的刀路一般与精加工的刀路相同，只是刀具半径补偿值不同。

精加工的主要任务是保证加工精度，为了避免在轮廓上留下进刀痕迹，一般要求沿轮廓的切向切入和切出，一般方法是用圆弧作为切入切出线，如图 2-61 所示。

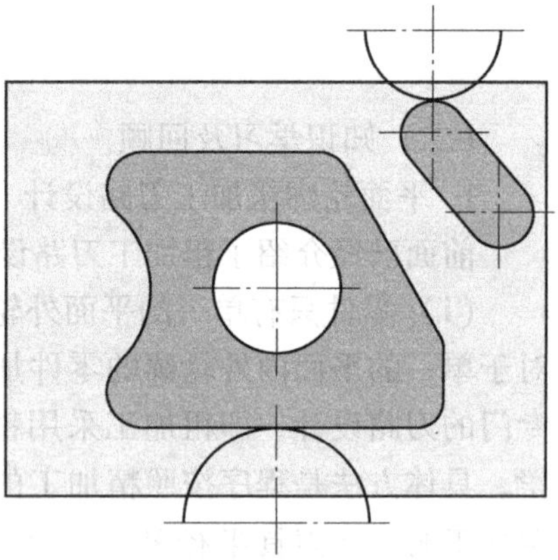

图 2-61 精加工编程路线设计

（三）技能训练

1. 工艺分析及设计

图 2-58 所示的零件外形规则，被加工部分的各尺寸精度、形位精度、表面粗糙度要求较高，零件结构简单，但包含了平面、圆弧、内外轮廓、钻孔、镗孔、铰孔等加工，且大部分尺寸精度要求达到 IT8 ~ IT7。

工件用平口钳装夹，X、Y 轴用寻边仪对刀，Z 轴用刀具试切对刀，将工件原点设在零件下表面中心。

加工工序安排如下：

1）粗铣、精铣平面，保证尺寸 28.5mm，选用 ϕ80mm 可转位面铣刀（5 个刀片）。

2）粗加工两外轮廓，选用 ϕ16mm 三刃立铣刀。

3）点钻两孔的工艺孔，选用 ϕ3mm 中心钻。

4）钻中间位置孔，选用 $\phi 11.8$mm 直柄麻花钻。

5）扩中间位置孔，选用 $\phi 35$mm 扩孔钻。

6）半精加工两外轮廓，选用 $\phi 12$mm 四刃立铣刀。

7）精加工两外轮廓，选用 $\phi 12$mm 四刃立铣刀。

8）加工键形凸台表面，选用 $\phi 12$mm 四刃立铣刀。

9）粗镗 $\phi 38^{+0.025}_{0}$mm 孔，选用 $\phi 37.5$mm 粗镗刀。

10）精镗 $\phi 38^{+0.025}_{0}$mm 孔，选用 $\phi 38.015$mm 精镗刀。

11）钻 $\phi 12^{+0.018}_{0}$mm 孔，选用 $\phi 11.8$mm 直柄麻花钻。

12）铰 $\phi 12^{+0.018}_{0}$mm 孔，选用 $\phi 12$H7 机用铰刀。

上述方案并没有完全遵循粗精分开的原则，读者可自行编制粗精分开的工艺方案，并编程实现。各工序刀具的切削参数见表 2-8。

表 2-8　各工序刀具的切削参数

序号	加工内容	刀具规格		切削用量		刀具补偿号	
		类型	材料	主轴转速 /r·min^{-1}	进给速度 /mm·min^{-1}	长度	半径/mm
1	粗铣上表面	$\phi 80$mm 可转位面铣刀	硬质合金	450	300	H01	
2	精铣上表面	$\phi 80$mm 可转位面铣刀		800	160		
3	粗加工两外轮廓	$\phi 16$mm 三刃立铣刀	高速钢	500	120	H02	
4	点钻两孔的工艺孔	$\phi 3$mm 中心钻		1200	120	H03	
5	钻中间位置孔	$\phi 19.8$mm 直柄麻花钻		550	80	H04	
6	扩中间位置孔	$\phi 35$mm 扩孔钻		150	20	H05	
7	半精加工两外轮廓	$\phi 12$mm 四刃立铣刀	硬质合金	800	120	H06	6
8	精加工两外轮廓	$\phi 12$mm 四刃立铣刀		800	100		6
9	加工键形凸台表面	$\phi 12$mm 四刃立铣刀		800	100		
10	粗镗 $\phi 38^{+0.025}_{0}$mm 孔	$\phi 37.5$mm 粗镗刀		850	80	H07	
11	精镗 $\phi 38^{+0.025}_{0}$mm 孔	$\phi 38.015$mm 精镗刀		1000	40	H08	
12	钻 $\phi 12^{+0.018}_{0}$mm 孔	$\phi 11.8$mm 直柄麻花钻	高速钢	550	80	H09	
13	铰 $\phi 12^{+0.018}_{0}$mm 孔	$\phi 12$H7 机用铰刀		300	50	H10	

2. 程序编制

工件原点设在工件下表面中心，程序如下：

主程序：

O344；

G00　G40　G49　G64　G80　G90　G17；

G54；

G28；

T01　M06；　　　　　　　　　　　　（换 $\phi 80$mm 面铣刀）

M03　S450　F300；

G00　X125.　Y30.　Z29.；　　　　　　（下刀，准备粗铣上表面）

G01　X－125.；

Y－30.；

X125.；

G00　Z33.；　　　　　　　　　　　　（提刀，上表面粗铣完毕）

S800　F160；

G00　X125.　Y30.；

Z28.484；　　　　　　　　　　　　（下刀，准备精铣上表面）

G01　X－125.；

Y－30.；

X125.；

G00　Z100.；　　　　　　　　　　　（提刀，上表面精铣完毕）

M05；

G28；

T02　M06；　　　　　　　　　　　　（换φ16mm立铣刀，准备粗加工两外轮廓）

M03　S500　F120；

G00　G43　Z100.　H02；

X－91.　Y－57.；

Z18.473；

X91.；

Y－51.；

X－91.；

Y－39.；

X－61.；

Y－27.；

X－91.；

Y－15.；

X－57.；

X－48.266　Y－3.；

X－91.；

Y9.；

X－50.577；

X－61.　Y16.523；

Y21.；

X－91.；

Y33.；

X－61.；

Y45.；

X－91.；

Y53.；

X27.584;

G00　Z31.;

X91.　Y57.;

Z18.473;

G01　X64.344;

X74.414　Y45.;

X91.;

Y33.;

X84.184;

G02　X87.259　Y21.　R21.;

G01　X91.;

Y9.;

X82.761;

G02　X45.965　Y13.563　R21.;

G01　X55.528　Y－3.;

X91.;

Y－15.;

X61.;

Y－27.;

X91.;

Y－39.;

X61.;

Y－80.;

G00　Z100.;　　　　　　　　　（提刀，两轮廓粗加工完毕）

G49;

M05;

G28;

T03　M06;　　　　　　　　　（换ϕ3mm 中心钻，准备点钻两孔的工艺孔）

M03　S1200　F120;

G00　G43　Z100.　H03;

G81　G99　X0　Y0　Z25.　R31.;　　　（点钻孔1）

G98　X－65.;　　　　　　　　　　　（点钻孔2）

G80;

G49;

M05;

G28;

T04　M06;　　　　　　　　　（换ϕ19.8mm 麻花钻，准备钻ϕ38mm 孔的底孔）

M03　S550　F80;

G00　G43　Z100.　H04;

G81   G98   X0   Y0   Z-3.   R31.；   (钻孔)

G80；

G49；

M05；

G28；

T05   M06；   (换 φ35mm 扩孔钻，准备将 φ38mm 孔的底孔
                                        扩至 φ35mm)

M03   S150   F20；

G00   G43   Z100.   H05；

G85   G98   X0   Y0   Z-3.   R31.；   (扩孔)

G80；

G49；

M05；

G28；

T06   M06；   (换 φ12mm 立铣刀，准备半精铣两外轮廓)

M03   S800   F120；

G00   G43   Z100.   H06；

#100 = 12；   (调用刀具半径补偿寄存器 D12 里的数值，执
                                        行程序前将 6.5 输入到 D12 里，子程序
                                        O3441 按轮廓尺寸编程)

M98   P3441；   (调用子程序 O3441 一次，半精加工两外轮
                                        廓)

#100 = 6；   (调用刀具半径补偿寄存器 D6 里的数值，执
                                        行程序前将 6.0 输入到 D6 里)

F100；

M98   P3441；   (调用子程序 O3441 一次，精加工两外轮廓)

G00   Z26.484；   (将刀具提至键形轮廓的最终高度，准备精铣
                                        键形轮廓的上表面)

G01   X44.402   Y55.874；

X76.542   Y17.572；

X68.881   Y11.144；

X36.742   Y49.447；

G00   Z100.；   (键形轮廓的上表面加工完毕，提刀)

G49；

M05；

G28；

T07   M06；   (换 φ37.5mm 镗刀，准备粗镗 $\phi 38^{+0.025}_{0}$ mm 孔)

M03   S850   F80；

G00   G43   Z100.   H07；

G85　G98　X0　Y0　Z-3.　R31.；　　　（粗镗 $\phi38^{+0.025}_{0}$ mm 孔到尺寸 $\phi37.5$ mm）

G80；

G49；

M05；

G28；

T08　M06；　　　　　　　　　　　　（换 $\phi38.015$ mm 镗刀，准备精镗 $\phi38^{+0.025}_{0}$ mm 孔）

M03　S1000　F40；

G00　G43　Z100.　H08；

G76　G98　X0　Y0　Z-3.　R31.　P2000　Q0.5；

　　　　　　　　　　　　　　　　　　（精镗 $\phi38^{+0.025}_{0}$ mm 孔到尺寸）

G80；

G49；

M05；

G28；

T09　M06；　　　　　　　　　　　　（换 $\phi11.8$ mm 麻花钻，准备钻 $\phi12$ H7 孔）

M03　S550　F80；

G00　G43　Z100.　H09；

G81　G98　X-65.　Y0　Z-3.　R31.；　（钻孔）

G80；

G49；

M05；

G28；

T10　M06；　　　　　　　　　　　　（换 $\phi12$ H7 机用铰刀）

M03　S300　F50；

G00　G43　Z100.　H10；

G85　G98　X-65.　Y0　Z-3.　R31.；　（铰 $\phi12$ H7 孔到尺寸）

G80；

G49；

M05；

M30；

两轮廓半精加工和精加工子程序：

O3441；

X0　Y-68.；

Z18.473；

G01　G41　X28.　Y-68.　D#100；　　（刀具半径补偿，D#100：如#100=12，即为 D12）

G03　X0　Y-40.　R28.；　　　　　　（铣较大的外轮廓，沿圆弧切入轮廓）

G01　X-42.；

G02　X-50.　Y-32.　R8.；

G01　Y – 27. 695；

G02　X – 47. 111　Y – 21. 540　R8. ；

G03　X – 47. 111　Y21. 540　R28. ；

G02　X – 50. 　Y27. 695　R8. ；

G01　Y32. ；

G02　X – 42. 　Y40. 　R8. ；

G01　X13. 381；

G02　X20. 309　Y36. 　R8. ；

G01　X48. 928　Y – 13. 589；

G02　X50. 　Y – 17. 569　R8. ；

G01　Y – 32. ；

G02　X42. 　Y – 40. 　R8. ；

G01　X0；

G03　X – 28. 　Y – 68. 　R28. ；　　　　　　　（沿圆弧切出）

G00　G40　X0　Y – 68. ；　　　　　　　（取消刀具半径补偿，如果刀具要带刀补切削
　　　　　　　　　　　　　　　　　　　　　　　多个轮廓，为避免混乱，最好在切完一个轮
　　　　　　　　　　　　　　　　　　　　　　　廓后取消刀具半径补偿，加工下一个轮廓时
　　　　　　　　　　　　　　　　　　　　　　　再建立刀具半径补偿）

Z33. ；

G00　X47. 　Y75. ；

Z18. 473；

G01　G41　X27. 　Y75. 　D#100；　　　　　（刀具半径补偿）

G03　X47. 　Y55. 　R20. ；　　　　　　　（铣键形外轮廓，沿圆弧切入）

G02　X54. 660　Y51. 428　R10. ；

G01　X73. 944　Y28. 447；

G02　X58. 623　Y15. 591　R10. ；

G01　X39. 340　Y38. 572；

G02　X47. 　Y55. 　R10. ；

G03　X67. 　Y75. 　R20. ；　　　　　　　（沿圆弧切出）

G01　G40　X47. ；　　　　　　　　　　　（取消刀具半径补偿）

G00　Z33. ；

M99；

（四）仿真与实操

分别在仿真软件和机床上加工零件。

（五）思考与练习

项目后习题 15 ~ 18、24。

习　　题

1. 说明 G91　G28　Z0 的含义，可用于什么场合？

2. 什么时候必须使用刀具长度补偿？

3. 铣削轮廓时，使用 G41 是顺铣还是逆铣？

4. 下列两程序哪个较好？为什么？

程序 A：   程序 B：

…；   …；

T03；   T03 M06；

…；   …；

M06；

…；

5. 零件如图 2-62 所示，凸台高度 5mm，毛坯尺寸为 100mm×70mm×50mm，试编程。

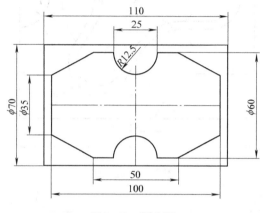

图 2-62　题 5 图

6. 零件如图 2-63 所示，凸台高度 5mm，毛坯尺寸为 100mm×100mm×50mm，试编程。

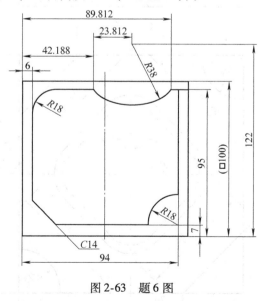

图 2-63　题 6 图

7. 试编写图 2-64 所示零件的加工程序。

8. 试编写图 2-65 所示零件的加工程序。

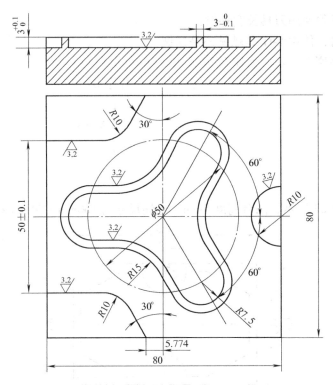

图 2-64　题 7 图

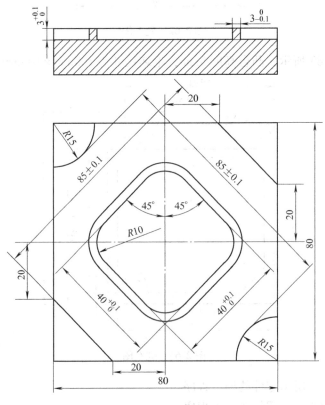

图 2-65　题 8 图

9. 设计加工图 2-66 所示环形槽零件的加工程序。

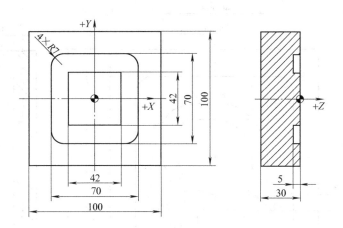

图 2-66　题 9 图

10. 零件如图 2-67 所示，毛坯尺寸为 80mm×80mm×30mm，材料为铝合金，试编程。

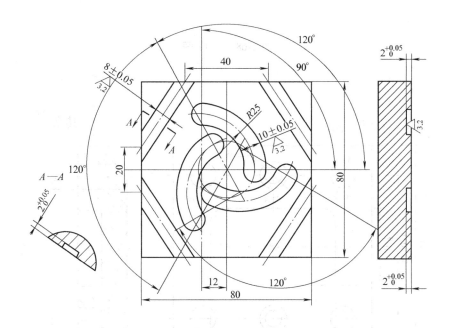

图 2-67　题 10 图

11. 零件如图 2-68 所示，毛坯尺寸为 80mm×80mm×30mm，材料为铝合金，试编程。

12. 试编写图 2-69 所示零件的加工程序。

13. 试编写图 2-70 所示零件的加工程序。

14. 试编写图 2-71 所示零件的加工程序。

15. 试编写图 2-72 所示零件的加工程序。

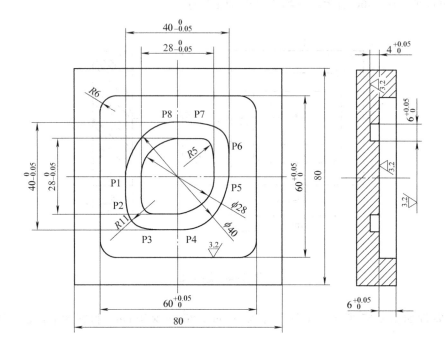

图 2-68 题 11 图

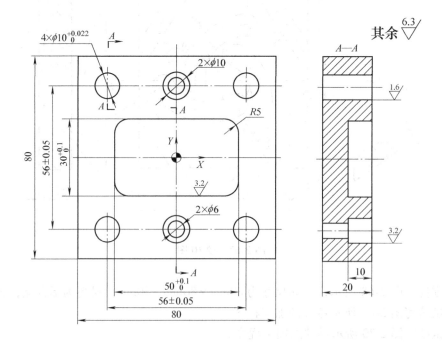

图 2-69 题 12 图

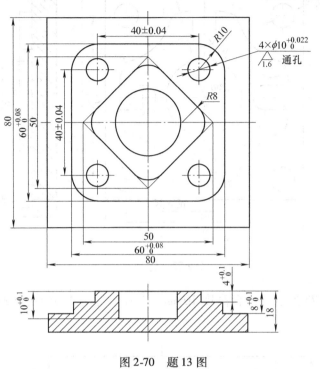

图 2-70 题 13 图

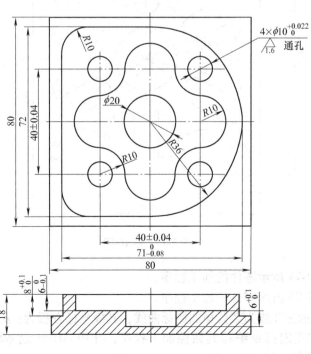

图 2-71 题 14 图

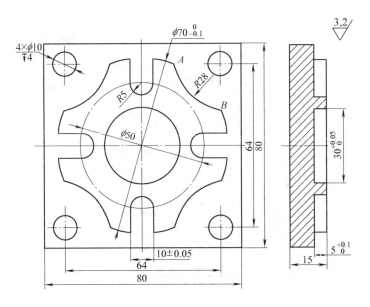

图 2-72　题 15 图

16. 零件如图 2-73 所示，凸台高度 10mm，毛坯尺寸为 100mm × 100mm × 40mm，试编程。

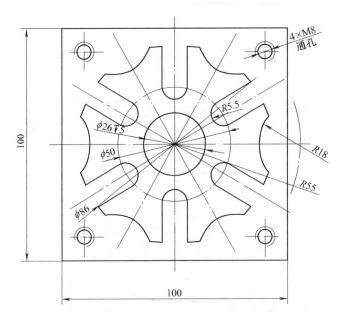

图 2-73　题 16 图

17. 试编写图 2-74 所示零件的加工程序。

18. 试编写图 2-75 所示零件的加工程序。

19. 图 2-76 所示三叶线为某公司的徽标曲线，其极坐标方程为：$\rho = 30\left(4\sin^2\theta - 1\right)\cos\theta$（$0 \leqslant \theta \leqslant 180°$）。试用宏指令编写其数控加工程序，并用 $\phi 1$mm 或 $\phi 2$mm 的铣刀加工出来（不需要刀具半径补偿，深度 3mm）。

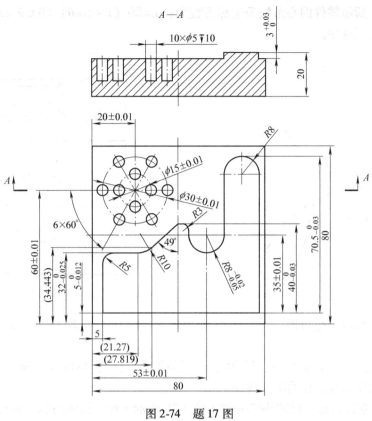

图 2-74 题 17 图

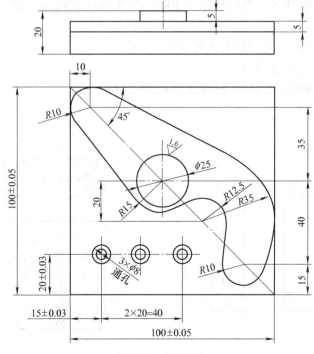

图 2-75 题 18 图

20. 图 2-77 所示零件的心形线极坐标方程为：$\rho = 20$（$1 + \cos\theta$）（$0 \le \theta \le 360°$）。试编写该零件的数控加工程序。

图 2-76 题 19 图

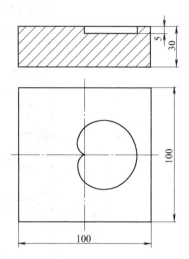

图 2-77 题 20 图

21. 某通孔：孔直径 $\phi72$mm，深 50mm，毛坯无底孔，铣刀直径 $\phi40$mm，每次背吃刀量 5mm。试用宏程序编写该孔的加工程序。

22. 用一把立铣刀和一把球头铣刀加工图 2-78 所示零件，试编写加工程序。

23. 试编制图 2-79 所示零件椭球腔的加工程序。

24. 零件如图 2-80 所示，毛坯尺寸为 200mm × 200mm × 50mm，试编制加工程序。编程要求：

1）精加工 $\phi140$mm 内轮廓时请从切向切入和切出。

2）倒角 $C2$ 用平底立铣刀加工。

3）两处 M40 的螺纹用螺距为 2mm 的螺纹铣刀加工。

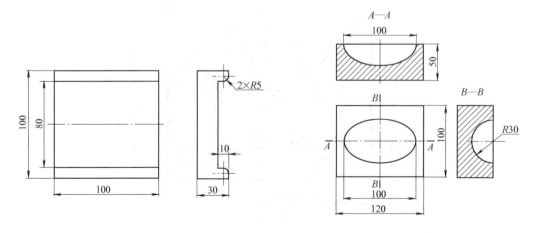

图 2-78 题 22 图

图 2-79 题 23 图

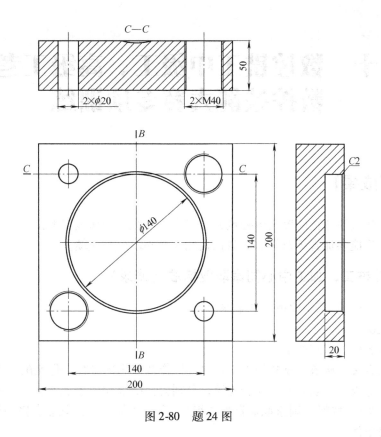

图 2-80　题 24 图

25. 试编写图 2-81 所示零件的加工程序。

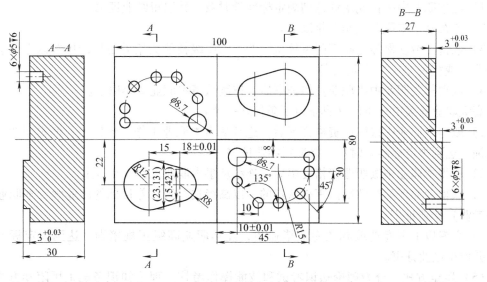

图 2-81　题 25 图

项目十 数控铣工中级工、高级工考试及数控技能大赛专项训练

【预期学习成果】

1. 能通过省级职业技能鉴定数控铣或加工中心中级工和高级工考试。
2. 优秀学生能参加省级及国家级数控技能大赛并取得好成绩。

一、数控铣工、加工中心国家职业标准（摘录）

（一）数控铣工国家职业标准（摘录）

1. 职业概况

（1）职业名称 数控铣工。

（2）职业定义 从事编制数控加工程序并操作数控铣床进行零件铣削加工的人员。

（3）职业等级 本职业共设四个等级，分别为：中级（国家职业资格四级）、高级（国家职业资格三级）、技师（国家职业资格二级）、高级技师（国家职业资格一级）。

（4）申报条件

中级职业等级申报条件（具备以下条件之一者）：

1）经本职业中级正规培训达到规定标准学时数，并取得结业证书。

2）连续从事本职业工作5年以上。

3）取得经劳动保障行政部门审核认定的，以中级技能为培养目标的中等以上职业学校本职业（或相关专业）毕业证书。

4）取得相关职业中级职业资格证书后，连续从事本职业2年以上。

高级职业等级申报条件（具备以下条件之一者）：

1）取得本职业中级职业资格证书后，连续从事本职业工作2年以上，经本职业高级正规培训，达到规定标准学时数，并取得结业证书。

2）取得本职业中级职业资格证书后，连续从事本职业工作4年以上。

3）取得劳动保障行政部门审核认定的，以高级技能为培养目标的职业学校本职业（或相关专业）毕业证书。

4）大专以上本专业或相关专业毕业生，经本职业高级正规培训，达到规定标准学时数，并取得结业证书。

（5）鉴定方式 分为理论知识考试和技能操作考核。理论知识考试采用闭卷方式，技能操作（含软件应用）考核采用现场实际操作和计算机软件操作方式。理论知识考试和技能操作（含软件应用）考核均实行百分制，成绩皆达60分及以上者为合格。技师和高级技师还需进行综合评审。

（6）鉴定时间 理论知识考试为120分钟，技能操作考核中实操时间为：中级、高级

不少于240分钟，技师和高级技师不少于300分钟，技能操作考核中软件应用考试时间为不超过120分钟，技师和高级技师的综合评审时间不少于45分钟。

（7）鉴定场所设备　理论知识考试在标准教室里进行，软件应用考试在计算机机房进行，技能操作考核在配备必要的数控铣床及必要的刀具、夹具、量具和辅助设备的场所进行。

2. 基本要求

（1）职业道德基本知识

（2）职业守则

1）遵守国家法律、法规和有关规定。

2）具有高度的责任心、爱岗敬业、团结合作。

3）严格执行相关标准、工作程序与规范、工艺文件和安全操作规程。

4）学习新知识新技能、勇于开拓和创新。

5）爱护设备、系统及工具、夹具、量具。

6）着装整洁，符合规定；保持工作环境清洁有序，文明生产。

（3）基础理论知识

1）机械制图。

2）工程材料及金属热处理知识。

3）机电控制知识。

4）计算机基础知识。

5）专业英语基础。

（4）机械加工基础知识

1）机械原理。

2）常用设备知识（分类、用途、基本结构及维护保养方法）。

3）常用金属切削刀具知识。

4）典型零件加工工艺。

5）设备润滑和切削液的使用方法。

6）工具、夹具、量具的使用与维护知识。

7）铣工、镗工基本操作知识。

（5）安全文明生产与环境保护知识

1）安全操作与劳动保护知识。

2）文明生产知识。

3）环境保护知识。

（6）质量管理知识

1）企业的质量方针。

2）岗位质量要求。

3）岗位质量保证措施与责任。

（7）相关法律、法规知识

1）劳动法的相关知识。

2）环境保护法的相关知识。

3）知识产权保护法的相关知识。

3. 技能要求

本标准对中级（表2-9）、高级（表2-10）、技师和高级技师的技能要求依次递进，高级别涵盖低级别的要求。

表2-9 中级职业等级技能要求

职业功能	工作内容	技能要求	相关知识
一、加工准备	（一）读图与绘图	1. 能读懂中等复杂程度（如：凸轮、壳体、板状、支架）的零件图 2. 能绘制有沟槽、台阶、斜面、曲面的简单零件图 3. 能读懂分度头尾架、弹簧夹头套筒、可转位铣刀结构等简单机构装配图	1. 复杂零件的表达方法 2. 简单零件图的画法 3. 零件三视图、局部视图和剖视图的画法
	（二）制定加工工艺	1. 能读懂复杂零件的铣削加工工艺文件 2. 能编制由直线、圆弧等构成的二维轮廓零件的铣削加工工艺文件	1. 数控加工工艺知识 2. 数控加工工艺文件的制定方法
	（三）零件定位与装夹	1. 能使用铣削加工常用夹具（如压板、虎钳、平口钳等）夹紧零件 2. 能够选择定位基准，并找正零件	1. 常用夹具的使用方法 2. 定位与夹紧的原理和方法 3. 零件找正的方法
	（四）刀具准备	1. 能够根据数控加工工艺文件选择、安装和调整数控铣床常用刀具 2. 能根据数控铣床特性、零件材料、加工精度、工作效率等选择刀具和刀具几何参数，并确定数控加工需要的切削参数和切削用量 3. 能够利用数控铣床的功能，借助通用量具或对刀仪测量刀具的半径及长度 4. 能选择、安装和使用刀柄 5. 能够刃磨常用刀具	1. 金属切削与刀具磨损知识 2. 数控铣床常用刀具的种类、结构、材料和特点 3. 数控铣床、零件材料、加工精度和工作效率对刀具的要求 4. 刀具长度补偿、半径补偿等刀具参数的设置知识 5. 刀柄的分类和使用方法 6. 刀具刃磨的方法
二、数控编程	（一）手工编程	1. 能编制由直线、圆弧组成的二维轮廓数控加工程序 2. 能够运用固定循环、子程序进行零件的加工程序编制	1. 数控编程知识 2. 直线插补和圆弧插补的原理 3. 节点的计算方法
	（二）计算机辅助编程	1. 能够使用 CAD/CAM 软件绘制简单零件图 2. 能够利用 CAD/CAM 软件完成简单平面轮廓的铣削程序	1. CAD/CAM 软件的使用方法 2. 平面轮廓的绘图与加工代码生成方法
三、数控铣床操作	（一）操作面板	1. 能够按照操作规程启动及停止机床 2. 能使用操作面板上的常用功能键（如回零、手动、MDI、修调等）	1. 数控铣床操作说明书 2. 数控铣床操作面板的使用方法
	（二）程序输入与编辑	1. 能够通过各种途径（如 DNC、网络）输入加工程序 2. 能够通过操作面板输入和编辑加工程序	1. 数控加工程序的输入方法 2. 数控加工程序的编辑方法
	（三）对刀	1. 能进行对刀并确定相关坐标系 2. 能设置刀具参数	1. 对刀的方法 2. 坐标系的知识 3. 建立刀具参数表或文件的方法

（续）

职业功能	工作内容	技能要求	相关知识
三、数控铣床操作	（四）程序调试与运行	能够进行程序检验、单步执行、空运行并完成零件试切	程序调试的方法
	（五）参数设置	能够通过操作面板输入有关参数	数控系统中相关参数的输入方法
四、零件加工	（一）平面加工	能够运用数控加工程序进行平面、垂直面、斜面、阶梯面等的铣削加工，并达到如下要求： 1）尺寸公差等级达 IT7 2）形位公差等级达 IT8 3）表面粗糙度达 $Ra3.2\mu m$	1. 平面铣削的基本知识 2. 刀具端刃的切削特点
	（二）轮廓加工	能够运用数控加工程序进行由直线、圆弧组成的平面轮廓铣削加工，并达到如下要求： 1）尺寸公差等级达 IT8 2）形位公差等级达 IT8 3）表面粗糙度达 $Ra3.2\mu m$	1. 平面轮廓铣削的基本知识 2. 刀具侧刃的切削特点
	（三）曲面加工	能够运用数控加工程序进行圆锥面、圆柱面等简单曲面的铣削加工，并达到如下要求： 1）尺寸公差等级达 IT8 2）形位公差等级达 IT8 3）表面粗糙度达 $Ra3.2\mu m$	1. 曲面铣削的基本知识 2. 球头刀具的切削特点
	（四）孔类加工	能够运用数控加工程序进行孔加工，并达到如下要求： 1）尺寸公差等级达 IT7 2）形位公差等级达 IT8 3）表面粗糙度达 $Ra3.2\mu m$	麻花钻、扩孔钻、丝锥、镗刀及铰刀的加工方法
	（五）槽类加工	能够运用数控加工程序进行槽、键槽的加工，并达到如下要求： 1）尺寸公差等级达 IT8 2）形位公差等级达 IT8 3）表面粗糙度达 $Ra3.2\mu m$	槽、键槽的加工方法
	（六）精度检验	能够使用常用量具进行零件的精度检验	1. 常用量具的使用方法 2. 零件精度检验及测量方法
五、维护与故障诊断	（一）机床日常维护	能够根据说明书完成数控铣床的定期及不定期维护保养，包括：机械、电气、液压、数控系统检查和日常保养等	1. 数控铣床说明书 2. 数控铣床日常保养方法 3. 数控铣床操作规程 4. 数控系统（进口、国产数控系统）说明书
	（二）机床故障诊断	1. 能读懂数控系统的报警信息 2. 能发现数控铣床的一般故障	1. 数控系统的报警信息 2. 机床的故障诊断方法
	（三）机床精度检查	能进行机床水平的检查	1. 水平仪的使用方法 2. 机床垫铁的调整方法

表 2-10　高级职业等级技能要求

职业功能	工作内容	技能要求	相关知识
一、加工准备	（一）读图与绘图	1. 能读懂装配图并拆画零件图 2. 能够测绘零件 3. 能够读懂数控铣床主轴系统、进给系统的机构装配图	1. 根据装配图拆画零件图的方法 2. 零件的测绘方法 3. 数控铣床主轴与进给系统基本构造知识
	（二）制定加工工艺	能编制二维、简单三维曲面零件的铣削加工工艺文件	复杂零件数控加工工艺的制定
	（三）零件定位与装夹	1. 能选择和使用组合夹具和专用夹具 2. 能选择和使用专用夹具装夹异型零件 3. 能分析并计算夹具的定位误差 4. 能够设计与自制装夹辅具（如轴套、定位件等）	1. 数控铣床组合夹具和专用夹具的使用、调整方法 2. 专用夹具的使用方法 3. 夹具定位误差的分析与计算方法 4. 装夹辅具的设计与制造方法
	（四）刀具准备	1. 能够选用专用工具（刀具和其他） 2. 能够根据难加工材料的特点，选择刀具的材料、结构和几何参数	1. 专用刀具的种类、用途、特点和刃磨方法 2. 切削难加工材料时的刀具材料和几何参数的确定方法
二、数控编程	（一）手工编程	1. 能够编制较复杂的二维轮廓铣削程序 2. 能够根据加工要求编制二次曲面的铣削程序 3. 能够运用固定循环、子程序进行零件的加工程序编制 4. 能够进行变量编程	1. 较复杂二维节点的计算方法 2. 二次曲面几何体外轮廓节点计算 3. 固定循环和子程序的编程方法 4. 变量编程的规则和方法
	（二）计算机辅助编程	1. 能够利用 CAD/CAM 软件进行中等复杂程度的实体造型（含曲面造型） 2. 能够生成平面轮廓、平面区域、三维曲面、曲面轮廓、曲面区域、曲线的刀具轨迹 3. 能进行刀具参数的设定 4. 能进行加工参数的设置 5. 能确定刀具的切入切出位置与轨迹 6. 能够编辑刀具轨迹 7. 能够根据不同的数控系统生成 G 代码	1. 实体造型的方法 2. 曲面造型的方法 3. 刀具参数的设置方法 4. 刀具轨迹生成的方法 5. 各种材料切削用量的数据 6. 有关刀具切入切出的方法对加工质量影响的知识 7. 轨迹编辑的方法 8. 后置处理程序的设置和使用方法
	（三）数控加工仿真	能利用数控加工仿真软件实施加工过程仿真、加工代码检查与干涉检查	数控加工仿真软件的使用方法
三、数控铣床操作	（一）程序调试与运行	能够在机床中断加工后正确恢复加工	程序的中断与恢复加工的方法
	（二）参数设置	能够依据零件特点设置相关参数进行加工	数控系统参数设置方法
四、零件加工	（一）平面铣削	能够编制数控加工程序铣削平面、垂直面、斜面、阶梯面等，并达到如下要求： 1）尺寸公差等级达 IT7 2）形位公差等级达 IT8 3）表面粗糙度达 $Ra3.2\mu m$	1. 平面铣削精度控制方法 2. 刀具端刃几何形状的选择方法

（续）

职业功能	工作内容	技能要求	相关知识
四、零件加工	（二）轮廓加工	能够编制数控加工程序铣削较复杂的（如凸轮等）平面轮廓，并达到如下要求： 1）尺寸公差等级达 IT8 2）形位公差等级达 IT8 3）表面粗糙度达 $Ra3.2\mu m$	1. 平面轮廓铣削的精度控制方法 2. 刀具侧刃几何形状的选择方法
	（三）曲面加工	能够编制数控加工程序铣削二次曲面，并达到如下要求： 1）尺寸公差等级达 IT8 2）形位公差等级达 IT8 3）表面粗糙度达 $Ra3.2\mu m$	1. 二次曲面的计算方法 2. 刀具影响曲面加工精度的因素以及控制方法
	（四）孔系加工	能够编制数控加工程序对孔系进行切削加工，并达到如下要求： 1）尺寸公差等级达 IT7 2）形位公差等级达 IT8 3）表面粗糙度达 $Ra3.2\mu m$	麻花钻、扩孔钻、丝锥、镗刀及铰刀的加工方法
	（五）深槽加工	能够编制数控加工程序进行深槽、三维槽的加工，并达到如下要求： 1）尺寸公差等级达 IT8 2）形位公差等级达 IT8 3）表面粗糙度达 $Ra3.2\mu m$	深槽、三维槽的加工方法
	（六）配合件加工	能够编制数控加工程序进行配合件加工，尺寸配合公差等级达 IT8	1. 配合件的加工方法 2. 尺寸链换算的方法
	（七）精度检验	1. 能够利用数控系统的功能使用百（千）分表测量零件的精度 2. 能对复杂、异形零件进行精度检验 3. 能够根据测量结果分析产生误差的原因 4. 能够通过修正刀具补偿值和修正程序来减少加工误差	1. 复杂、异形零件的精度检验方法 2. 产生加工误差的主要原因及其消除方法
五、维护与故障诊断	（一）日常维护	能完成数控铣床的定期维护	数控铣床定期维护手册
	（二）故障诊断	能排除数控铣床的常见机械故障	机床的常见机械故障诊断方法
	（三）机床精度检验	能协助检验机床的各种出厂精度	机床精度的基本知识

4. 比重表（表2-11、表2-12）

表2-11 理论知识比重表

项 目		中级（%）	高级（%）	技师（%）	高级技师（%）
基本要求	职业道德	5	5	5	5
	基础知识	20	20	15	15
相关知识	加工准备	15	15	25	—
	数控编程	20	20	10	—

（续）

项　　目		中级（%）	高级（%）	技师（%）	高级技师（%）
相关知识	数控铣床操作	5	5	5	—
	零件加工	30	30	20	15
	数控铣床维护与精度检验	5	5	10	10
	培训与管理	—	—	10	15
	工艺分析与设计	—	—	—	40
合　　计		100	100	100	100

表 2-12　技能操作比重表

项　　目		中级（%）	高级（%）	技师（%）	高级技师（%）
技能要求	加工准备	10	10	10	—
	数控编程	30	30	30	—
	数控铣床操作	5	5	5	—
	零件加工	50	50	45	45
	数控铣床维护与精度检验	5	5	5	10
	培训与管理	—	—	5	10
	工艺分析与设计	—	—	—	35
合　　计		100	100	100	100

（二）加工中心操作工国家职业标准（摘录）

本标准对中级（表 2-13）、高级（表 2-14）、技师和高级技师的技能要求依次递进，高级别涵盖低级别的要求。

表 2-13　中级职业等级技能要求

职业功能	工作内容	技能要求	相关知识
一、加工准备	（一）读图与绘图	1. 能读懂中等复杂程度（如：凸轮、箱体、多面体）的零件图 2. 能绘制有沟槽、台阶、斜面的简单零件图 3. 能读懂分度头尾架、弹簧夹头套筒、可转位铣刀结构等简单机构装配图	1. 复杂零件的表达方法 2. 简单零件图的画法 3. 零件三视图、局部视图和剖视图的画法
	（二）制定加工工艺	1. 能读懂复杂零件的数控加工工艺文件 2. 能编制直线、圆弧面、孔系等简单零件的数控加工工艺文件	1. 数控加工工艺文件的制定方法 2. 数控加工工艺知识
	（三）零件定位与装夹	1. 能使用加工中心常用夹具（如压板、虎钳、平口钳等）装夹零件 2. 能够选择定位基准，并找正零件	1. 加工中心常用夹具的使用方法 2. 定位、装夹的原理和方法 3. 零件找正的方法

职业功能	工作内容	技能要求	相关知识
一、加工准备	（四）刀具准备	1. 能够根据数控加工工艺卡选择、安装和调整加工中心常用刀具 2. 能根据加工中心特性、零件材料、加工精度和工作效率等选择刀具和刀具几何参数，并确定数控加工需要的切削参数和切削用量 3. 能够使用刀具预调仪或者在机内测量工具的半径及长度 4. 能够选择、安装、使用刀柄 5. 能够刃磨常用刀具	1. 金属切削与刀具磨损知识 2. 加工中心常用刀具的种类、结构和特点 3. 加工中心、零件材料、加工精度和工作效率对刀具的要求 4. 刀具预调仪的使用方法 5. 刀具长度补偿、半径补偿与刀具参数的设置知识 6. 刀柄的分类和使用方法 7. 刀具刃磨的方法
二、数控编程	（一）手工编程	1. 能够编制钻、扩、铰、镗等孔类加工程序 2. 能够编制平面铣削程序 3. 能够编制含直线插补、圆弧插补二维轮廓的加工程序	1. 数控编程知识 2. 直线插补和圆弧插补的原理 3. 坐标点的计算方法 4. 刀具补偿的作用和计算方法
	（二）计算机辅助编程	能够利用 CAD/CAM 软件完成简单平面轮廓的铣削程序	1. CAD/CAM 软件的使用方法 2. 平面轮廓的绘图与加工代码生成方法
三、加工中心操作	（一）操作面板	1. 能够按照操作规程启动及停止机床 2. 能使用操作面板上的常用功能键（如回零、手动、MDI、修调等）	1. 加工中心操作说明书 2. 加工中心操作面板的使用方法
	（二）程序输入与编辑	1. 能够通过各种途径（如 DNC、网络）输入加工程序 2. 能够通过操作面板输入和编辑加工程序	1. 数控加工程序的输入方法 2. 数控加工程序的编辑方法
	（三）对刀	1. 能进行对刀并确定相关坐标系 2. 能设置刀具参数	1. 对刀的方法 2. 坐标系的知识 3. 建立刀具参数表或文件的方法
	（四）程序调试与运行	1. 能够进行程序检验、单步执行、空运行并完成零件试切 2. 能够使用交换工作台	1. 程序调试的方法 2. 工作台交换的方法
	（五）刀具管理	1. 能够使用自动换刀装置 2. 能够在刀库中设置和选择刀具 3. 能够通过操作面板输入有关参数	1. 刀库的知识 2. 刀库的使用方法 3. 刀具信息的设置方法与刀具选择 4. 数控系统中加工参数的输入方法
四、零件加工	（一）平面加工	能够运用数控加工程序进行平面、垂直面、斜面、阶梯面等铣削加工，并达到如下要求： 1）尺寸公差等级达 IT7 2）形位公差等级达 IT8 3）表面粗糙度达 $Ra3.2\mu m$	1. 平面铣削的基本知识 2. 刀具端刃的切削特点

（续）

职业功能	工作内容	技能要求	相关知识
四、零件加工	（二）型腔加工	1. 能够运用数控加工程序进行直线、圆弧组成的平面轮廓零件铣削加工，并达到如下要求： 1）尺寸公差等级达 IT8 2）形位公差等级达 IT8 3）表面粗糙度达 Ra3.2μm 2. 能够运用数控加工程序进行复杂零件的型腔加工，并达到如下要求： 1）尺寸公差等级达 IT8 2）形位公差等级达 IT8 3）表面粗糙度达 Ra3.2μm	1. 平面轮廓铣削的基本知识 2. 刀具侧刃的切削特点
	（三）曲面加工	能够运用数控加工程序铣削圆锥面、圆柱面等简单曲面，并达到如下要求： 1）尺寸公差等级达 IT8 2）形位公差等级达 IT8 3）表面粗糙度达 Ra3.2μm	1. 曲面铣削的基本知识 2. 球头刀具的切削特点
	（四）孔系加工	能够运用数控加工程序进行孔系加工，并达到如下要求： 1）尺寸公差等级达 IT7 2）形位公差等级达 IT8 3）表面粗糙度达 Ra3.2μm	麻花钻、扩孔钻、丝锥、镗刀及铰刀的加工方法
	（五）槽类加工	能够运用数控加工程序进行槽、键槽的加工，并达到如下要求： 1）尺寸公差等级达 IT8 2）形位公差等级达 IT8 3）表面粗糙度达 Ra3.2μm	槽、键槽的加工方法
	（六）精度检验	能够使用常用量具进行零件的精度检验	1. 常用量具的使用方法 2. 零件精度检验及测量方法
五、维护与故障诊断	（一）加工中心日常维护	能够根据说明书完成加工中心的定期及不定期维护保养，包括：机械、电气、液压、数控系统检查和日常保养等	1. 加工中心说明书 2. 加工中心日常保养方法 3. 加工中心操作规程 4. 数控系统（进口、国产数控系统）说明书
	（二）加工中心故障诊断	1. 能读懂数控系统的报警信息 2. 能发现加工中心的一般故障	1. 数控系统的报警信息 2. 机床的故障诊断方法
	（三）机床精度检查	能进行机床水平的检查	1. 水平仪的使用方法 2. 机床垫铁的调整方法

表 2-14 高级职业等级技能要求

职业功能	工作内容	技能要求	相关知识
一、加工准备	（一）读图与绘图	1. 能够读懂装配图并拆画零件图 2. 能够测绘零件 3. 能够读懂加工中心主轴系统、进给系统的机构装配图	1. 根据装配图拆画零件图的方法 2. 零件的测绘方法 3. 加工中心主轴与进给系统基本构造知识
	（二）制定加工工艺	能编制箱体类零件的加工中心加工工艺文件	箱体类零件数控加工工艺文件的制定

（续）

职业功能	工作内容	技能要求	相关知识
一、加工准备	（三）零件定位与装夹	1. 能根据零件的装夹要求正确选择和使用组合夹具和专用夹具 2. 能选择和使用专用夹具装夹异型零件 3. 能分析并计算加工中心夹具的定位误差 4. 能够设计与自制装夹辅具（如轴套、定位件等）	1. 加工中心组合夹具和专用夹具的使用、调整方法 2. 专用夹具的使用方法 3. 夹具定位误差的分析与计算方法 4. 装夹辅具的设计与制造方法
	（四）刀具准备	1. 能够选用专用工具 2. 能够根据难加工材料的特点，选择刀具的材料、结构和几何参数	1. 专用刀具的种类、用途、特点和刃磨方法 2. 切削难加工材料时的刀具材料和几何参数的确定方法
二、数控编程	（一）手工编程	1. 能够编制较复杂的二维轮廓铣削程序 2. 能够运用固定循环、子程序进行零件的加工程序编制 3. 能够运用变量编程	1. 较复杂二维节点的计算方法 2. 球、锥、台等几何体外轮廓节点计算 3. 固定循环和子程序的编程方法 4. 变量编程的规则和方法
	（二）计算机辅助编程	1. 能够利用 CAD/CAM 软件进行中等复杂程度的实体造型（含曲面造型） 2. 能够生成平面轮廓、平面区域、三维曲面、曲面轮廓、曲面区域、曲线的刀具轨迹 3. 能进行刀具参数的设定 4. 能进行加工参数的设置 5. 能确定刀具的切入切出位置与轨迹 6. 能够编辑刀具轨迹 7. 能够根据不同的数控系统生成 G 代码	1. 实体造型的方法 2. 曲面造型的方法 3. 刀具参数的设置方法 4. 刀具轨迹生成的方法 5. 各种材料切削用量的数据 6. 有关刀具切入切出的方法对加工质量影响的知识 7. 轨迹编辑的方法 8. 后置处理程序的设置和使用方法
	（三）数控加工仿真	能利用数控加工仿真软件实施加工过程仿真、加工代码检查与干涉检查	数控加工仿真软件的使用方法
三、加工中心操作	（一）程序调试与运行	能够在机床中断加工后正确恢复加工	加工中心的中断与恢复加工的方法
	（二）在线加工	能够使用在线加工功能，运行大型加工程序	加工中心的在线加工方法
四、零件加工	（一）平面加工	能够编制数控加工程序进行平面、垂直面、斜面、阶梯面等铣削加工，并达到如下要求： 1）尺寸公差等级达 IT7 2）形位公差等级达 IT8 3）表面粗糙度达 $Ra3.2\mu m$	平面铣削的加工方法
	（二）型腔加工	能够编制数控加工程序进行模具型腔加工，并达到如下要求： 1）尺寸公差等级达 IT8 2）形位公差等级达 IT8 3）表面粗糙度达 $Ra3.2\mu m$	模具型腔的加工方法

（续）

职业功能	工作内容	技能要求	相关知识
四、零件加工	（三）曲面加工	能够使用加工中心进行多轴铣削加工叶轮、叶片，并达到如下要求： 1）尺寸公差等级达 IT8 2）形位公差等级达 IT8 3）表面粗糙度达 $Ra3.2\mu m$	叶轮、叶片的加工方法
	（四）孔类加工	1. 能够编制数控加工程序相贯孔加工，并达到如下要求： 1）尺寸公差等级达 IT8 2）形位公差等级达 IT8 3）表面粗糙度达 $Ra3.2\mu m$ 2. 能进行调头镗孔，并达到如下要求： 1）尺寸公差等级达 IT7 2）形位公差等级达 IT8 3）表面粗糙度达 $Ra3.2\mu m$ 3. 能够编制数控加工程序进行刚性攻螺纹，并达到如下要求： 1）尺寸公差等级达 IT8 2）形位公差等级达 IT8 3）表面粗糙度达 $Ra3.2\mu m$	相贯孔加工、调头镗孔、刚性攻螺纹的方法
	（五）沟槽加工	1. 能够编制数控加工程序进行深槽、特形沟槽的加工，，并达到如下要求： 1）尺寸公差等级达 IT8 2）形位公差等级达 IT8 3）表面粗糙度达 $Ra3.2\mu m$ 2. 能够编制数控加工程序进行螺旋槽、柱面凸轮的铣削加工，并达到如下要求： 1）尺寸公差等级达 IT8 2）形位公差等级达 IT8 3）表面粗糙度达 $Ra3.2\mu m$	深槽、特形沟槽、螺旋槽、柱面凸轮的加工方法
	（六）配合件加工	能够编制数控加工程序进行配合件加工，尺寸配合公差等级达 IT8	1. 配合件的加工方法 2. 尺寸链换算的方法
	（七）精度检验	1. 能对复杂、异形零件进行精度检验 2. 能够根据测量结果分析产生误差的原因 3. 能够通过修正刀具补偿值和修正程序来减少加工误差	1. 复杂、异形零件的精度检验方法 2. 产生加工误差的主要原因及其消除方法
五、维护与故障诊断	（一）日常维护	能完成加工中心的定期维护保养	加工中心的定期维护手册
	（二）故障诊断	能发现加工中心的一般机械故障	加工中心机械故障和排除方法 加工中心液压原理和常用液压元件
	（三）机床精度检验	能够进行机床几何精度和切削精度检验	机床几何精度和切削精度检验内容及方法

（三）练习题

见本书电子资源中数控编程与操作理论练习题文件夹。

二、仿真及实操综合训练

目前多数仿真软件只能验证程序轨迹的正确性，也就是说，它只能判断程序是否能加工出正确的形状，而不能判断加工精度和表面质量的合格性，更不能判断工艺方案的合理性，因此，千万不要以为仿真通过了的程序就一定能加工出合格的产品，目前较好的仿真软件是美国 CGTech 公司的 VERICUT 数控加工仿真软件，它可以验证和检测 NC 程序可能存在的碰撞、干涉、过切、欠切、切削参数不合理等问题，还可和目前流行的 UG、PRO/E 等 CAM 软件实现有机结合，被广泛的应用于航空航天、船舶、电子、汽车、机车、模具、动力及重工业的三轴及多轴的实际生产中。

例： 零件如图 2-82 所示，毛坯尺寸为 $100mm \times 100mm \times 22mm$，材料为 45 钢。

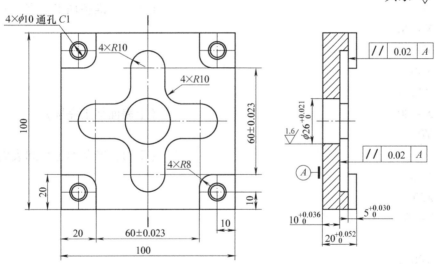

图 2-82 零件图

1. 工艺分析及设计

本零件的加工精度较高，大部分在 IT8 ~ IT7 左右。加工工序设计如下：

1）用 $\phi 50mm$ 可转位面铣刀（T01）加工零件上表面，保证尺寸 $20^{+0.052}_{0}mm$（最好在 $20.02 \sim 20.03mm$ 之间，本例取 $20.02mm$）。

2）用 $\phi 50mm$ 可转位面铣刀（T01）加工中间表面，保证尺寸 $5^{+0.030}_{0}mm$。

3）用 $\phi 10mm$ 麻花钻（T02）钻 5 个孔。

4）用 $\phi 25mm$ 扩孔钻（T03）扩孔。

5）用 $\phi 16mm$ 立铣刀（T04）加工 4 个凸台。

6）用 $\phi 16mm$ 立铣刀（T04）加工十字槽，刀路设计如图 2-83 所示。

7）用 ϕ20mm 锥顶角 90°的锪孔钻（T05）加工 4 个孔口倒角。

8）用 ϕ26H7 机用铰刀（T06）铰 ϕ26H7 孔。

2. 程序编制

工件原点设在零件下表面中心，A（0，-15.902），B（15.902，0），C（12.929，-12.929），程序编制如下：

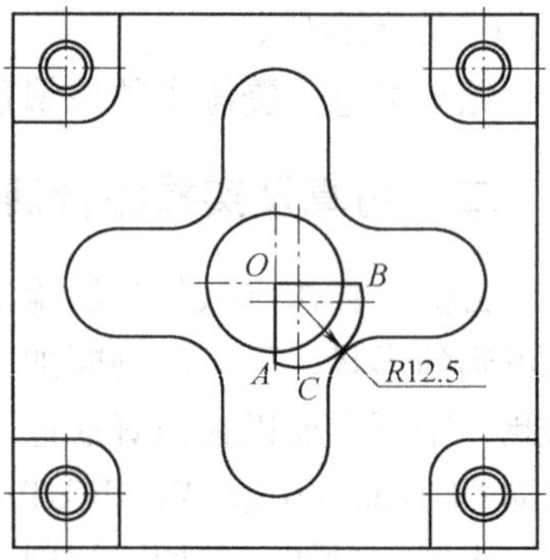

图 2-83　十字槽精加工刀路设计

O401；

G00　G17　G21　G40　G49　G64　G80　G90；

G54；

G28；

T01　M06；　　　　　　　　　　　　（换 1 号刀，准备加工两个大平面）

M03　S600　F150；

G00　X80.　Y-30.　Z40.；

Z20.02；　　　　　　　　　　　　　（下刀，准备加工上表面）

G01　X-80.；

G00　Y0；

G01　X80.；

G00　Y30.；

G01　X-80.；　　　　　　　　　　　（上表面加工完毕）

G00　Y0；

Z15.；　　　　　　　　　　　　　　（下刀，准备加工中间表面）

G01　X80.；

G00　Z25.；

X0　Y-80.；

Z15.；

G01　Y80.；

G00　Z100.；　　　　　　　　　　　（中间表面加工完毕，提刀）

M05；

G28；

T02　M06；　　　　　　　　　　　　（换 2 号刀，准备加工 5 个孔）

M03　M08　S300　F40；

G43　G00　Z35.　H02；

G81　G99　X40.　Y40.　Z-3.　R23.；　　（钻孔 1）

X0　Y0；　　　　　　　　　　　　　（钻孔 2）

X-40.　Y40.；　　　　　　　　　　（钻孔 3）

Y-40.；　　　　　　　　　　　　　（钻孔 4）

G98　X40.；　　　　　　　　　　　（钻孔 5）

G80　G00　Z60.；

G49　Z100.；

M05；

G28；

T03　M06；　　　　　　　　　　　　　　　（换3号刀，准备扩孔）

M03　S300　F40；

G00　G43　Z100.　　H03；

Z30.；

G85　G98　X0　Y0　Z－3.　R23.；　　　　　（扩孔）

G80　G00　Z60.；

G49　Z100.；

M05　M09；

G28；

T04　M06；　　　　　　　　　　　　　　　（换4号刀，准备加工4个凸台外
　　　　　　　　　　　　　　　　　　　　　　轮廓和十字槽）

M03　S800　F80；

G00　G43　Z100.　　H04；

X0　Y100.；

Z15.；　　　　　　　　　　　　　　　　　　（下刀，准备加工4个凸台外轮廓）

G41　X－30.　D04；

G01　Y38.；

G02　X－38.　Y30.　R8.；

G01　X－75.；

G00　Y－30.；

G01　X－38.；

G02　X－30.　Y－38.　R8.；

G01　Y－75.；

G00　X30.；

G01　Y－38.；

G02　X38.　Y－30.　R8.；

G01　X75.；

G00　Y30.；

G01　X38.；

G02　X30.　Y38.　R8.；

G01　Y100.；

G00　G40　X0；

Z22.；　　　　　　　　　　　　　　　　　　（凸台外轮廓加工完毕，提刀）

X0　Y0；

G01　Z10.018；　　　　　　　　　　　　　　（下刀，准备加工十字槽）

G41　X0　Y－15.902　D04；

G03   X12. 929   Y – 12. 929   R12. 5；

G02   X20.   Y – 10.   R10.；

G01   X30.；

G03   Y10.   R10.；

G01   X20.；

G02   X10.   Y20.   R10.；

G01   Y30.；

G03   X – 10.   R10.；

G01   Y20.；

G02   X – 20.   Y10.   R10.；

G01   X – 30.；

G03   Y – 10.   R10.；

G01   X – 20.；

G02   X – 10.   Y – 20.   R10.；

G01   Y – 30.；

G03   X10.   R10.；

G01   Y – 20.；

G02   X12. 929   Y – 12. 929   R10.；

G03   X15. 902   Y0   R12. 5；

G01   G40   X0   Y0；

G00   Z60.；   （十字槽加工完毕，提刀）

G49   Z100.；

M05；

G28；

T05   M06；   （换 5 号刀，准备加工 4 个孔口倒
                                       角）

M03   S500   F40；

G00   G43   Z100.   H05；

G82   G99   X40.   Y40.   Z14. 02   R23.   P500；   （20. 02mm –10/2mm –1mm＝14. 02mm，
                                       倒角 1）

X – 40.；   （倒角 2）

Y – 40.；   （倒角 3）

G98   X40.；   （倒角 4）

G80   G00   Z60.；

G49   Z100.；

M05；

G28；

T06   M06；   （换 6 号刀，准备铰孔）

M03   S800   F30；

G43　G00　Z100. H06；

G85　G98　X0　Y0　Z－3. R23. ；　　　　　　　（铰孔）

G80；

G49 ；

M05；

M30；

例：零件如图 2-84 所示，毛坯尺寸为 160mm×120mm×40mm，材料为 45 钢。

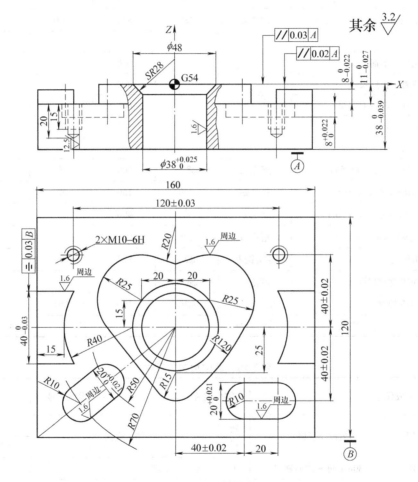

图 2-84　零件图

1. 工艺分析及设计

此零件精度要求较高，而且轮廓的周边曲线和表面粗糙度要求也较高，零件采用平口钳装夹，工艺方案、刀具及切削用量见表 2-15 和表 2-16。

（1）上表面粗、精加工刀路设计　由于余量不多，上表面的加工可一次加工到尺寸，刀路设计如图 2-85 所示。

（2）外轮廓粗加工刀路设计　外轮廓粗加工（兼去除多余材料）采用行切法，刀路设计步骤如下：

表 2-15 数控加工工序卡

××厂		数控加工工序卡		产品名称或代号	零件名称		零件图号
工艺序号	程序编号		夹具名称	夹具编号	使用设备		车间
			平口钳		立式加工中心		

工步号	工步内容	刀具名称	刀具规格/mm	主轴转速/r·min⁻¹	进给速度/mm·min⁻¹	背吃刀量/mm	备注
1	铣上表面保证尺寸 $38_{-0.039}^{0}$ mm	面铣刀	$\phi80$	800	100		
2	粗铣外形面	立铣刀	$\phi12$	600	120		
3	半精铣外形面			800	100		
4	精铣外形面到尺寸			800	50		
5	铣月牙形凸台上表面			600	50		
6	粗铣腰圆形槽			350	60		
7	精铣腰圆形槽到尺寸			700	40		
8	钻 $\phi38$mm 孔到 $\phi8.5$mm	麻花钻	$\phi8.5$	600	40		
9	扩 $\phi38$mm 孔到 $\phi30$mm	扩孔钻	$\phi30$	150	30		
10	铣 $\phi38$mm 孔到 $\phi37.6$mm	立铣刀	$\phi20$	400	50		
11	精镗 $\phi38$mm 孔到尺寸	精镗刀	$\phi38$	900	25		
12	球形倒角	球头铣刀	$\phi20$	800	200		
13	钻 M10 螺纹底孔	麻花钻	$\phi8.5$	600	40		
14	攻 M10 螺纹	机用丝锥	M10	100	150		
编制		审核		批准		年 月 日	共 页 第 页

表 2-16 数控加工刀具卡

产品名称或代号				零件名称		零件图号		
序号	刀具号	刀具名称及规格	数量	加工表面			补偿号	
							长度	半径
1	T01	$\phi80$mm 可转位面铣刀	1	毛坯上表面				
2	T02	$\phi12$mm 立铣刀	1	内外轮廓面、月牙形凸台上表面			H02	D02
3	T03	$\phi8.5$mm 麻花钻	1	3 个孔			H03	
4	T04	$\phi30$mm 扩孔钻	1	$\phi38$mm 孔			H04	
5	T05	$\phi20$mm 立铣刀	1	$\phi38$mm 孔			H05	
6	T06	$\phi38$mm 精镗刀	1	$\phi38$mm 孔			H06	
7	T07	$\phi20$mm 球头铣刀	1	球形倒角			H07	
8	T08	M10 机用丝锥	1	M10 螺纹孔			H08	
编制		审核			批准		年 月 日	共 页 第 页

1）在 CAD 软件里画出外轮廓图形。

2）作出外轮廓的偏置线，偏置距离为刀具半径加上后续加工的加工余量，然后将各轮廓偏置线相干涉的部分剪去，形成粗加工的边界线，如图 2-86 所示。

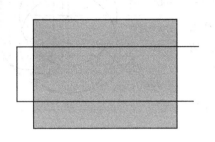

图 2-85　上表面加工刀路设计

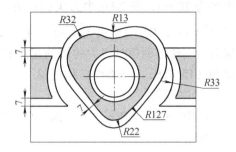

图 2-86　外轮廓粗加工边界

3）以上述边界线为基准，作一系列的水平线，行距为刀具直径的 50% ~ 90%，适当修剪各等距线和边界线，如图 2-87 所示，此即为粗加工的刀心轨迹线。

（3）外轮廓半精加工及精加工刀路设计由于粗加工后加工余量极不均匀，因此在精加工之前设置一道半精加工工序，半精加工和精加工均按零件轮廓编程，只是刀具半径补偿值不同，采用顺铣加工，编程路线如图 2-88 所示。

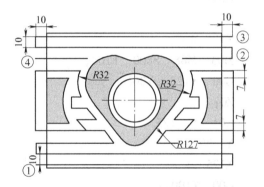

图 2-87　外轮廓粗加工刀路设计

（4）月牙形凸台上表面加工　这两个小平面可采用类似于图 2-85 所示的刀路加工，但沿纵向行切的刀路要短一些。

（5）腰圆形槽粗、精加工刀路设计　腰圆形槽粗、精加工均采用如图 2-89 所示的刀路，只是刀具半径补偿值不同。

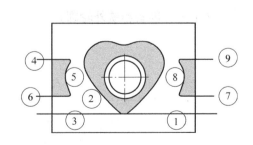

图 2-88　外轮廓精加工刀路设计

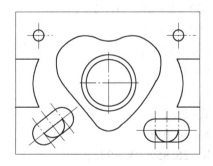

图 2-89　腰圆形槽粗、精加工刀路设计

（6）孔加工工艺设计　查表知 M10 粗牙螺纹（螺距 1.5mm）的钻削底孔直径为 $\phi 8.5$mm，直接用 $\phi 8.5$mm 的麻花钻钻削后用 M10 粗牙丝锥攻螺纹即可，$\phi 38$mm 孔由于精度较高，采用钻孔→扩孔→粗镗孔（或铣孔）→精镗孔的加工工序。

（7）球形倒角刀路设计 如果有 $\phi56$mm 的球头铣刀，则此球形倒角的加工非常简单，直接让刀尖下到图 2-90 的 C 点即可。如果没有 $\phi56$mm 的球头铣刀，可采用宏指令编程的方法来加工，如果刀具半径为 10mm，图 2-90 中刀尖圆的方程为：$x^2 +(z - 4.422)^2 = 18^2$，则：$z = -\sqrt{324 - x^2} + 4.422$。A 点和 B 点分别为加工球形倒角时刀尖的切削起点和终点，坐标值分别为（15.429，-4.849）和（12.214，-8.799）。

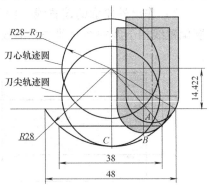

图 2-90 球形倒角相关计算

2. 程序编制

工件坐标原点设在零件上表面中心，程序编制如下：

O403；

G00   G17   G21   G40   G49   G64   G80   G90；

G54；

G28；

T01   M06；　　　　　　　　　　　　　　（换 1 号刀，准备加工上表面）

M03   M08   S800   F100；

G00   X125. Y30. ；

Z0；

G01   X – 125. ；

Y – 30. ；

X125. ；

G00   Z100. ；　　　　　　　　　　　　　（上表面加工完毕，提刀）

M05；

G28；

T02   M06；　　　　　　　　　　　　　　（换 2 号刀）

M03   M08   S600   F120；

G00   G43   Z100. H02；

G00   X – 90.   Y – 57. ；

G00   Z – 11. ；　　　　　　　　　　　　（下刀，准备粗铣外轮廓）

G01   X90. ；

Y – 47. ；

X – 90. ；

Y – 37. ；

X – 18. 618；

X – 26. 857   Y – 27. ；

X – 43. 973；

X – 53. 284   Y – 17. ；

X – 35. 096；

X – 43. 336   Y – 7. ；

X – 57. 249；

Y3. ；

X − 49. 665；

G02 X − 49. 665 Y27. R32. ；

G01 X − 90. ；

G00 Y − 27. ；

G01 X − 43. 973；

G00 Z10. ；

X90. Y27. ；

Z − 11. ；

G01 X49. 665；

G02 X49. 665 Y3. R32. ；

G01 X57. 249；

Y − 7. ；

X44. 440；

G02 X37. 893 Y − 17. R127. ；

G01 X53. 284；

X43. 974 Y − 27. ；

X90. ；

Y − 37. ；

X19. 891；

G03 X29. 852 Y − 27. R127. ；

G01 X43. 974；

G00 Z10. ；

X90. Y57. ；

Z − 11. ；

G01 X − 90. ；

Y47. ；

X90.

Y37. ；

X43. 238；

G00 Z10. ；

X − 90. ；

Z − 11. ；

G01 X − 43. 237；

G00 Z10. ；　　　　　　　　　　　　　（外轮廓粗加工完毕，抬刀）

S800 F50. ；　　　　　　　　　　　（调整切削用量，准备精铣外轮廓）

N10 G00 X90. Y − 47. ；

Z − 11. ；

G41 Y − 40. D02；

G01　X0；

G02　X－11.576　Y－34.538　R15.；

G01　X－39.295　Y－0.897；

G02　X－8.889　Y37.395　R25.；

G03　X8.889　Y37.395　R20.；

G02　X42.361　Y3.820　R25.；

G02　X9.282　Y－36.783　R120.；

G02　X0　Y－40.　R15.；

G01　X－95.；

G00　Y20.；

G01　X－59.641；

G03　Y－20.　R40.；

G01　X－95.；

G40　X－96.；

G00　Z10.；

X96.　Y－27.；

Z－11.；

G41　X95.　Y－20.　D02；

G01　X59.641；

G03　Y20.　R40.；

G01　X95.；

N20　G00　G40　X94.Y28.；　　　　　　　（外轮廓精加工完毕）

S600　F50；

G00　Z－3.；　　　　　　　（准备加工月牙形凸台上表面）

X75.；

G01　Y－28.；

X65.；

Y28.；

G00　Z10.；

X－75.；

Z－3.；

G01　Y－28.；

X－65.；

Y28.；

G00　Z10.；　　　　　　　（月牙形凸台上表面加工完毕，提刀）

S700　F40；

N30　G00　X－48.　Y－36.；

G01　Z－19.；　　　　　　　（准备加工槽）

G41　X－56.　Y－42.　D02；

G03 X－42. Y－44. R10.；

G01 X－34. Y－38.；

G03 X－46. Y－22. R10.；

G01 X－62. Y－34.；

G03 X－50. Y－50. R10.；

G01 X－42. Y－44.

G03 X－40. Y－30. R10.；

G01 G40 X－48. Y－36.；

G00 Z10.；

X50. Y－40.；

G01 Z－19.；

G41 X40. Y－40. D02；

G03 X50. Y－50. R10.；

G01 X60. Y－50.；

G03 Y－30. R10.；

G01 X40.；

G03 Y－50. R10.；

G01 X50.；

G03 X60. Y－40. R10.；

N40 G01 G40 X50.；

G00 Z30.；   （槽加工完毕，提刀）

G49 Z100.；

G28；

M05；

T03 M06；   （换3号刀，准备钻孔）

M03 S600 F40；

G43 G00 Z20. H03；

G82 G99 X60. Y40. Z－31. R3. P500；   （钻孔1）

X－60.；   （钻孔2）

G81 G98 X0 Y0 Z－41. R3.；   （钻孔3）

G00 G49 Z100.；

M05；

G28；

T04 M06；   （换4号刀，准备扩孔）

M03 S150 F30；

G43 G00 Z20. H04；

G85 G98 X0 Y0 Z－41. R3.；   （扩孔）

G80 G00 Z100.；

G49；

M05；

G28；

T05 M06；　　　　　　　　　　　　（换 5 号刀，准备铣孔）

M03 S400 F50；

G00 G43 Z100. H05；

X0 Y9. Z10.；

G01 Z－41.；

G03 I0 J－9.；　　　　　　　　　　（铣孔）

G00 Z20.；

G49 Z100.；

M05；

G28；

T06 M06；　　　　　　　　　　　　（换 6 号刀，准备镗孔）

M03 S900 F25；

G43 G00 Z100. H06；

Z10.；

G76 G98 X0 Y0 Z－41. R5. P1000 Q0.5；（精镗孔）

G80 G00 Z100.；

G49；

M05 G28；

T07 M06；　　　　　　　　　　　　（换 7 号刀，准备加工球形倒角）

M03 S800 F200；

G43 G00 Z20. H07；

X18. Y0 Z4.422；

G18 G03 X15.429 Z－4.849 R18.；

#101＝15.429；

#103＝0.03；

WHILE ［#101 GT 12.］ DO 1；

G17 G03 I－#101 J0；

#101＝#101－#103；

#102＝－SQRT［324.－#101＊#101］＋4.422；

G18 G03 X#101 Z#102 R18.；

END 1；

G17 G00 Z20.；　　　　　　　　　（球形倒角加工完毕，提刀）

G49 Z100.；

M05；

G28；

T08 M06；　　　　　　　　　　　　（换 8 号刀，准备攻螺纹）

M03 S100；

G43　G00　Z100.　H08；

Z10.；

G84　G99　X60.　Y40.　Z−26.　R5.　F150；　（攻螺纹）

G98　X−60.；

G80　G00　Z100.；

G49；

M09　M05；

M30；

说明：

本程序并没有编写外轮廓的半精加工程序，也没有编制腰圆形槽的粗加工程序，其实半精加工可使精加工的余量均匀，腰圆形槽的粗加工路线如果与精加工路线相同也可使精加工的余量均匀，有利于提高加工精度。对于本例所示零件来说，这两道工序是很有必要的，请读者参照图 2-58 所示零件的编程思路对本程序作适当修改以达到要求（提示：注意 N10 ~ N20 和 N30 ~ N40 之间的程序段）。

习　题

1. 零件如图 2-91 所示，毛坯尺寸为 127mm × 127mm × 22mm，材料为 45 钢，试编程。

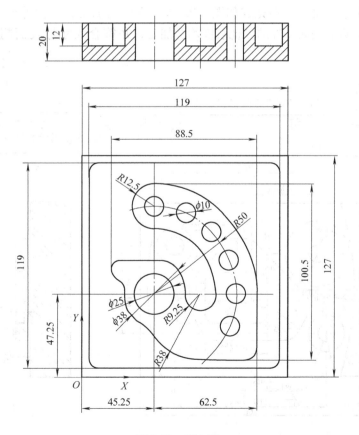

图 2-91　题 1 图

2. 试编写图 2-92 所示零件的加工程序。

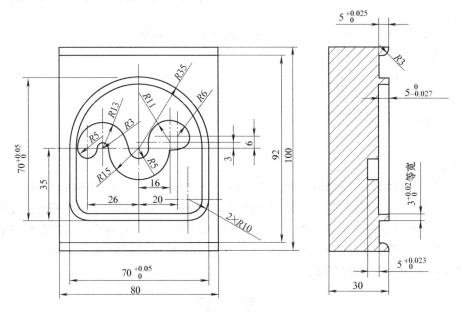

图 2-92 题 2 图

3. 用数控铣床或加工中心完成如图 2-93 所示零件的加工，工件外形尺寸为 160mm ×
120mm ×40mm，除上表面以外的其他表面均已加工，并符合尺寸与表面粗糙度要求，材料

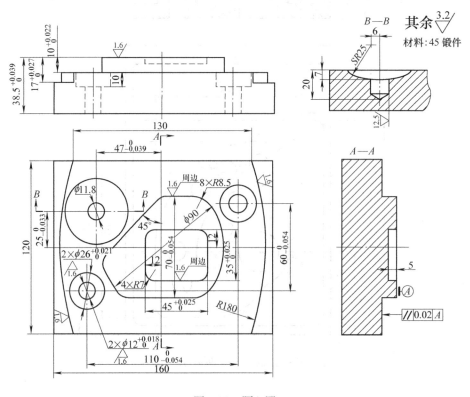

图 2-93 题 3 图

为 45 钢。

4. 用数控铣床或加工中心完成如图 2-94 所示零件的加工，工件外形尺寸为 160mm × 120mm × 40mm，除上表面以外的其他表面均已加工，并符合尺寸与表面粗糙度要求，材料为 45 钢。

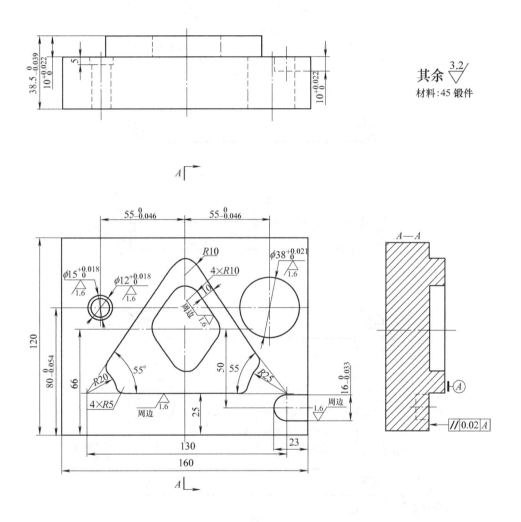

图 2-94　题 4 图

5. 用数控铣床或加工中心完成如图 2-95 所示零件的加工，工件外形尺寸为 200mm × 140mm × 45mm，除上、下两表面以外的其他表面均已加工，并符合尺寸与表面粗糙度要求，材料为 45 钢。

6. 用加工中心完成如图 2-96 所示配合零件的加工。零件材料为 45 钢，毛坯：件 1 尺寸为 160mm × 120mm × 30mm，件 2 尺寸为 160mm × 120mm × 12mm。

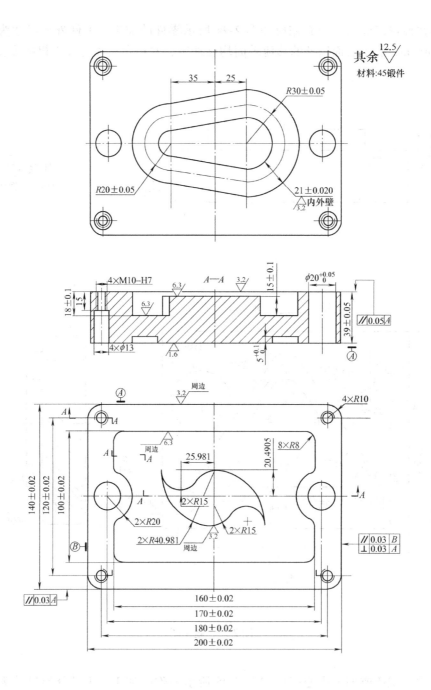

图 2-95　题 5 图

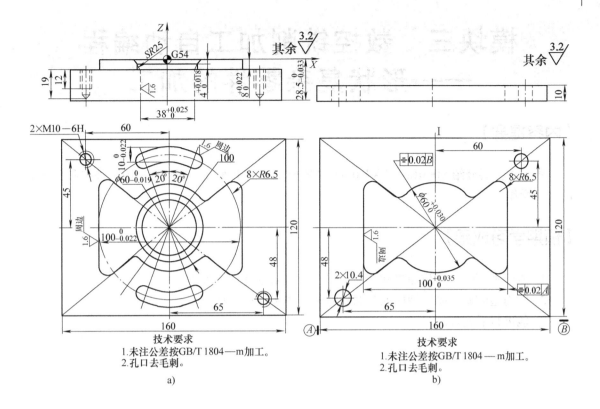

图 2-96　题 6 图

技术要求
1.未注公差按GB/T 1804—m加工。
2.孔口去毛刺。

a)

技术要求
1.未注公差按GB/T 1804—m加工。
2.孔口去毛刺。

b)

模块三　数控铣削加工自动编程
——形状复杂零件的加工

【内容提要】

本模块主要介绍 SIEMENS NX7.0 的 CAM 模块中的平面铣、型腔铣、固定轴铣和孔加工的基本操作。

【预期学习成果】

1. 能用平面铣、点位加工和孔加工对平面直壁零件进行加工。
2. 能用型腔铣、固定轴曲面轮廓铣对模具类零件进行加工。
3. 能进行后处理。

项目十一 SIEMENS UG NX7.0 CAM 基础知识

前一模块介绍了手工编程的相关问题，但对于形状复杂的平面和曲面类零件来说，手工编程计算相当繁琐，程序量非常大，且易出错，难校对，手工编程难以胜任，甚至无法编出程序来，只能使用自动编程。下面我们以国内外广泛使用的 CAD/CAM 软件 Unigraphics（简称 UG，2007 年后改称 SIEMENS NX）来说明 CAM 自动编程的相关问题，其他 CAM 软件如 Pro/E、CATIA、MASTERCAM 等的功能与 UG 类似，只是具体的方法不尽相同。

截至 2010 年，UG 软件的最新版本为 NX7.0，其实 UG 的 NX 版本从 1.0 至 7.0 的 CAM 模块虽然功能不断加强，但界面和操作步骤基本是相同的，本模块主要介绍 NX7.0 的 CAM 模块的常用功能。

UG NX7.0 的 CAM 加工模块提供了强大的计算机辅助制造功能。对用 NX 建模应用或者其他 CAD 软件建立的实体模型，可在 NX 加工应用中生成精确的刀具路径。在交互操作过程中，用户可在图形方式下编辑刀具路径，观察刀具的运动过程，并进行加工模拟。生成的刀具路径，可通过后置处理产生用于指定数控机床的程序，NX/CAM 数控编程流程如图 3-1 所示。

一、加工前的准备工作

为了生成刀具路径，必须创建零件模型、设置毛坯及相关的加工参数等。

1. 创建零件模型

UG NX7.0 根据三维实体模型建立加工刀具路径，因此在进入加工模块前，应先在 UG 的建模模块里建立零件的三维模型。当然，也可以引入由其他 CAM 软件创建的三维模型，因为 UG NX7.0 具有与其他 CAD/CAM 软件进行数据通信的转换模块，可以引用诸如 IGES、DXF 及 PRT 等多种格式的数据文件。

2. 创建毛坯

创建毛坯可以模拟刀具真实加工，以观察零件的成型过程。创建毛坯可以采用以下方法：

1）打开要加工零件三维造型，在该零件中按照和零件的位置关系创建方形或圆柱毛坯。

2）打开要加工零件三维造型，在该零件中引入外部的三维零件造型图作为要加工零件毛坯。

3）打开要加工零件三维造型，通过偏置零件表面来创建毛坯。

创建的毛坯可以和需要加工的零件装配成一个整体，也可以各自独立，建议零件图和毛坯图分开并采用装配方法组合加工。这样加工信息与零件的主模型数据分开，可起到保护加工信息的作用，从而防止意外破坏，还可方便地添加定位元件、夹紧机构或夹具体等零件。

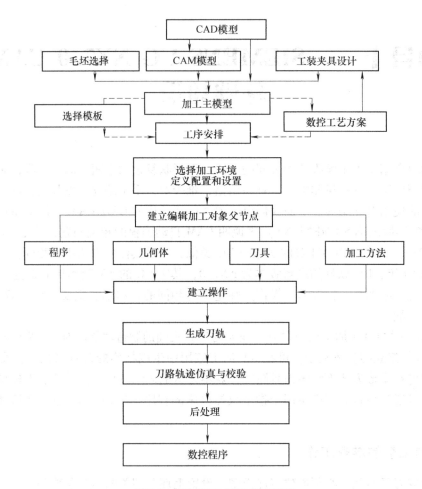

图 3-1　NX/CAM 数控编程流程

在加工应用中可以采用【隐藏】菜单隐藏毛坯，或采用【不隐藏所选的】菜单显示毛坯。或者通过【对象显示】菜单将毛坯设置为半透明，以便于设置加工参数时，视野清晰。

二、进入加工模块

打开要进行加工设置的实体模型后，选择主菜单中的【起始】｜【加工】命令，进入加工模块。当一个零件首次进入加工模块时，系统弹出如图 3-2 所示的【加工环境】对话框。要求选择加工配置和指定模板零件，以设置系统要调用的模板。在【CAM 会话配置】列表框中列出已定义的配置文件，【CAM 设置】列表框中列出所选配置文件指定的模板集所包含的模板零件。

为建立加工环境，必须指定一种加工配置。默认设置下，【CAM 会话配置】列表框中的加工配置文件有 cam_genernal（通用加工配置）、lathe（车削加工配置）、mill contour（3D 轮廓铣削配置）、mill multi-axis（多轴铣削配置）、mill-planar（平面铣削配置）和 shops_diemold（模具加工配置）等。用户可根据零件的结构特点、表面的加工类型和应采用的加工方法选择一种加工配置，一般选择 cam_genernal 即可。选择的配置相应地确定了可用的加工类型、车间文件、后置处理（post processing）和刀具位置源文件（CLS）的输出格式。通过选择配置，用户可将操作类型图标限制到一个合理的数量，以满足给定加工几何对象生成 NC 程序时的需要。

　　选好配置文件后，再在【CAM 设置】列表里选择一个模板文件后，点击【初始化】即正式进入加工模块。【CAM 设置】列表里：mill_planer 是 2D 铣削加工，mill_contour 是 3D 铣削加工，mill multi-axis 是多轴铣削加工，drill 和 hole_making 均为孔加工，turning 为车削加工，wire_edm 是线切割加工。

　　初始化后，显示如图 3-3 所示的加工界面，在菜单下方依次是【加工创建】工具栏、【加工操作】工具栏、【操作导航器】工具栏和【加工工件】工具栏，如图 3-4 ~ 图 3-7 所示。在加工界面里点击右侧的第三个图标，则出现如图 3-8 所示的操作导航器视图。

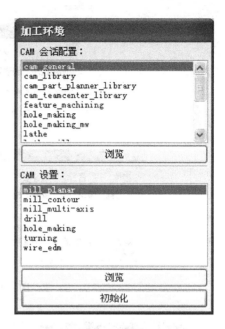

图 3-2　【加工环境】对话框

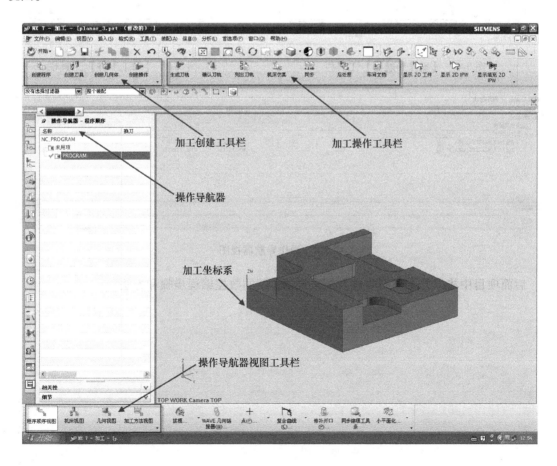

图 3-3　UG NX7.0 加工界面

图 3-4　【加工创建】工具栏

图 3-5　【加工操作】工具栏

图 3-6　【操作导航器】工具栏

图 3-7　【加工工件】工具栏

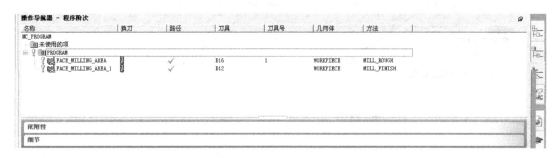

图 3-8　操作导航器视图

后面项目中将以几个典型零件为例来说明 UG 的数控编程步骤和方法。

项目十二　平面直壁零件的加工

一、知识学习

平面铣用于平面轮廓、平面区域或平面孤岛的粗、精加工，它平行于零件底面进行多层

切削。底面和每个切削层都与刀具轴线垂直，各加工部位的侧壁与底面垂直，但不能加工底面与侧壁不垂直的部位，如图 3-9 所示的零件，加工零件的表面、型腔和型芯。平面铣的特点是刀轴固定，底面是平面，各侧壁垂直底面。

【mill_Planar】（平面铣）的子类型见表 3-1，常用的主要有 FACE_MILLING（表面铣）、PLA-NAR_MILL（平面铣）、CLEARNUP_CORNERS（清理拐角）、FINISH_WALLS（精铣侧壁）和

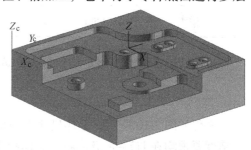

图 3-9　平面铣零件

FINISH_FLOOR（精铣底面）等，其中大部分均可由 PLANAR_MILL 变化而来。一般来说，PLANAR_MILL 主要用于粗加工，CLEARNUP_CORNERS 用于清角加工，FACE_MILLING 主要用于精加工，当然，PLANAR_MILL 既有粗加工又有精加工和半精加工。

表 3-1　【mill_Planar】子类型

图 标	英 文	中 文	说 明
	FACE_MILLING_AREA	表面区域铣	用于加工面 Area 定义的表面铣
	FACE_MILLING	表面铣	用于加工表面几何体
	FACE_MILLING_MANRAL	表面手动铣	切削方法默认设置为手动的表面铣
	PLANAR_PROFILE	平面轮廓铣	默认切削方法为轮廓铣削的平面铣
	PLANAR_MILL	平面铣	用平面边界定义切削区域，切削到底平面
	ROUGH_FOLLOW	跟随零件粗铣	默认切削方法为跟随零件切削的平面铣
	ROUGH_ZIGZAG	往复式粗铣	默认切削方法为 ZIG_ZAG 的平面铣
	ROUGH_ZIG	单向粗铣	默认切削方法为 ZIG 的平面铣
	CLEARNUP_CORNERS	清理拐角	与平面铣基本相同，主要用来清理拐角
	FINISH_WALLS	精铣侧壁	默认切削方法为轮廓铣削，默认深度为 Floor_Only，用来精铣侧壁

（续）

图 标	英 文	中 文	说 明
	FINISH_FLOOR	精铣底面	默认切削方法为 FOLLOW_PART，默认深度为 Floor_Only
	THEARD_MILLING	螺纹铣	建立加工螺纹的操作
	PLANAR_TEXT	文本铣削	对文字曲线进行雕刻加工
	MILL_CONTROL	机床控制	建立机床控制操作，添加相关后置处理命令
	MILL_USER	自定义方式	自定义参数建立操作

平面铣的多数子类型是均包含在 PLANAR_MILL 中，其操作步骤的弹出界面基本相同。

二、技能训练

零件如图 3-10 所示，毛坯尺寸为 130mm×80mm×38mm，材料为 45 钢，大部分平面尺寸精度要求均在 IT7～8 级左右，表面粗糙度为 $Ra3.2$，精度要求较高，需精铣才能达到要求。具体的加工工艺方案见表 3-2。

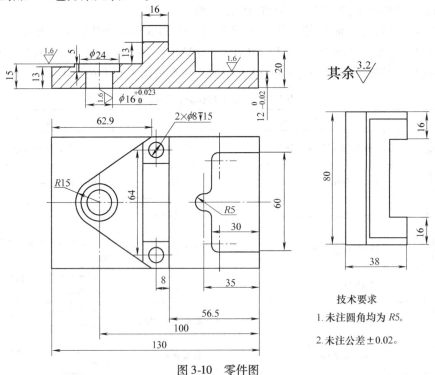

图 3-10 零件图

表 3-2 加工工艺方案

序号	方法	程序名	刀具名称	刀具直径/mm	加工余量/mm
1	平面铣	PM_D12	D12	12	0.3
2	清角	QJ_D8	D8	8	0.3

(续)

序号	方法	程序名	刀具名称	刀具直径/mm	加工余量/mm
3	轮廓精加工	FM_D8	D8	8	0
4	孔加工	本例略			

1. 创建零件模型

在 UG NX7.0 的建模模块里画出零件的三维实体图，或直接打开本书电子资源 UG 文件夹里的文件 3-10. prt。

2. 选择加工环境

选择【起始】│【加工】命令进入加工模块，如果该零件第一次进入加工模块，则弹出如图 3-2 所示的【加工环境】对话框，分别选择 cam_genernal 和 mill-planar，然后单击【初始化】即进入加工模块。

3. 确定加工坐标系

从图形窗口右边的资源条中选择【操作导航器】，并锚定在图形窗口左边或右边，然后选择【操作导航器】工具条的【几何视图】图标，操作导航器切换到加工几何组视窗。

在操作导航器窗口中选择【MCS Mill】，单击鼠标右键并执行【编辑】命令，进入图3-11所示的【加工坐标系设定】对话框，单击图中加框的图标，则弹出如图 3-12 所示的坐标原点对话框，同时坐标系被激活，在其下方的文本框内设置加工坐标系原点数据为（65，40，38），然后连续单击【确定】即将加工坐标系设置在工件上表面中心。如果不建立加工坐标系，则系统默认加工坐标系与绝对坐标系重合。

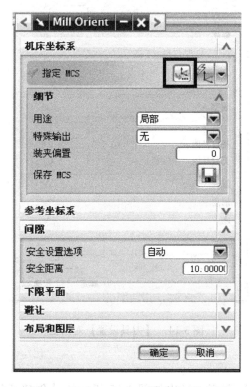

图 3-11   【加工坐标系设定】对话框   图 3-12   加工坐标系坐标原点设定

4. 创建刀具

在【加工创建】工具栏中单击【创建刀具】图标，弹出如图 3-13 所示的【创建刀具】对话框，【类型】选择 mill_planer，【子类型】选择选择立铣刀，修改刀具名称为 D12，单击【确定】或【应用】即弹出图 3-14 所示的【刀具设置】对话框，将刀具直径设为 12，刀具号设为 1，长度等参数按刀具的实际尺寸设定，然后单击【确定】即建好了一把 $\phi12\text{mm}$ 的立铣刀。按同样的方法创建一把 $\phi8\text{mm}$ 的立铣刀。

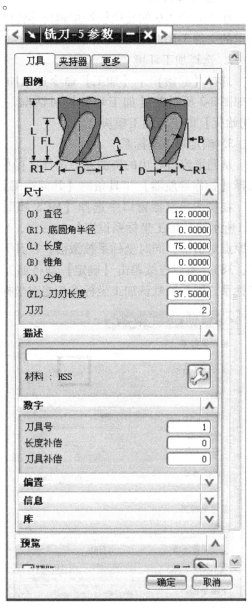

图 3-13 【创建刀具】对话框   图 3-14 【刀具设置】对话框

5. 创建几何体

在【加工创建】工具栏中单击【创建几何体】图标，弹出如图 3-15 所示的【创建几何体】对话框（在这里也可设置加工坐标系），选择要创建的几何体类型，接受默认名称或重新命名，然后单击【确定】即弹出图 3-16 所示的【几何体】对话框，设定工件、毛坯及检查几何体。本例中我们不另外创建几何体，而是直接设置 WORKPIECE 几何体，步骤如下：

图 3-15 【创建几何体】对话框

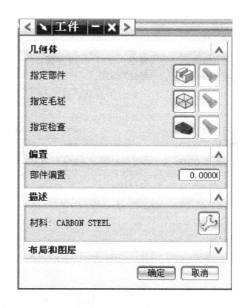

图 3-16 【几何体】对话框

单击【操作导航器工具栏】中的【几何视图】图标，将操作导航器切换为几何视图，如图 3-17 所示，双击或右键单击【WORKPIECE】，选择【编辑】，则弹出与图 3-16 一样的【铣削几何】对话框，单击【指定部件】的图标，选择绘图区中的零件后单击【确定】返回到【铣削几何】对话框，单击【指定毛坯】的图标，弹出图 3-18 所示的【毛坯几何体】对话框，选择【自动块】或预先在建模模块里画好的毛坯，单击【确定】返回到【铣削几何】对话框，如没有检查几何体（如夹具）可单击【确定】退出【铣削几何】对话框。

图 3-17 【操作导航器—几何视图】对话框

6. 创建平面铣粗加工操作

在创建平面铣操作前可将几何体和方法都创建好供各个操作使用，也可在每个操作里创建几何体和方法。

将操作导航器视图切换为程序顺序视图，在【加工创建】工具栏里单击【创建操作】图标，则弹出如图 3-19 所示的【创建操作】对话框，类型选择【mill_Planar】，子类型选择【PLANAR_MILL】，程序选择【NC_PROGRAM】，使用几何体选择【WORKPIECE】，使用刀具选择【D12】，使用方法选择【MILL_ROUGH】或【METHOD】，名称改为 PM_D12 或不改，然后单击【确定】，则弹出图 3-20 所示的【PLANAR_MILL】对话框。

图 3-18　【毛坯几何体】对话框

图 3-19　【创建操作】对话框

1）选择【指定部件边界】图标，单击【选择】，则弹出图 3-21 所示的【边界几何体】对话框，模式选择【面】，材料侧选择【内部】，勾选【忽略孔】，在实体上选择工件的所有上表面（7 个），然后单击【确定】返回到【PLANAR_MILL】对话框。需要注意的是，工件的材料侧指的是要保留的材料部分，毛坯的材料侧指的是要去除的材料部分，对于开放边界（Open），材料侧用边界的左边（Left）或右边（Right）来指定，朝着边界的箭头方向看，左手边就是左边界，右手边就是右边界。本例的边界用面来指定，当然也可用零件的边来指定。单击【确定】返回到【PLANAR_MILL】对话框。如果此时再单击【指定部件边界】图标，则弹出图 3-22 所示的【编辑边界】对话框，通过按钮◄ ►选择边界，被选择的边界高亮显示，此时可改变边界的材料侧。

2）选择【指定毛坯】图标，则又弹出图 3-21 所示的【边界几何体】对话框，模式选择【曲线/边】，材料侧选择【内部】，选择零件外围的所有边（注意第一条边一定要选在最高面），然后单击【确定】返回到【PLANAR_MILL】对话框，当然也可预先设好边界供此时选择。

3）选择【检查】图标，确定检查几何体。检查几何体是加工时刀具要避让的区间（如夹具等），本例无检查几何体。

4）选择【底面】图标，则弹出图 3-23 所示的【平面构造器】对话框，在实体上

图 3-20 【PLANAR_MILL】对话框　　　　图 3-21 【边界几何体】对话框

选择最低的待加工面，然后单击【确定】返回到【PLANAR_MILL】对话框。

5）将切削方式设为【跟随工件】，将步进设为【刀具直径】，百分比设为 50～80 均可。

6）设置切削层。单击【切削层】图标，弹出图 3-24 所示的【切削深度参数】对话框，类型选择【固定深度】，最大值设为 2mm 左右即可，单击【确定】返回到【PLANAR_MILL】对话框。

7）设置切削参数。单击【切削参数】图标，弹出图 3-25 所示的【切削参数】对话框，在【余量】菜单下设置【部件余量】和【最终底面余量】均为 0.3mm，单击【确定】返回到【PLANAR_MILL】对话框。

图 3-22 【编辑边界】对话框

图 3-23 【平面构造器】对话框

8）设置非切削移动。单击【非切削移动】图标，单击【切削参数】图标，弹出图 3-26 所示的【非切削移动】对话框，在此可设置进刀、退刀、避让等参数，如无特殊要求，可单击【确定】接受默认设置。

9）设置切削用量。单击【进给和速度】图标，弹出图 3-27 所示的【进给和速度】对话框，根据机床、刀具及工件的具体情况设置合适的主轴转速和进给速度。

10）单击【生成】图标 ，生成刀具轨迹，如发现刀轨不对，可重新选择或编辑【指定部件边界】，确定【材料侧】是否选择有误。

图 3-24 【切削深度参数】对话框

单击【确认】图标 可观察刀具的加工情况，仿真加工完毕后单击【确定】返回到【PLANAR_MILL】对话框。

11）单击【确定】即完成了平面铣粗加工操作的创建，此时在操作导航器视图里即出现了我们刚刚创建的操作 PM_D12。

7. 创建清角操作

为了提高粗加工效率，刚创建的平面铣操作用的是 φ12mm 的刀（其实还可用更大的），但零件的最小内轮廓半径为 5mm，为使精加工的余量均匀，有必要在精加工之前加一道清角工序。

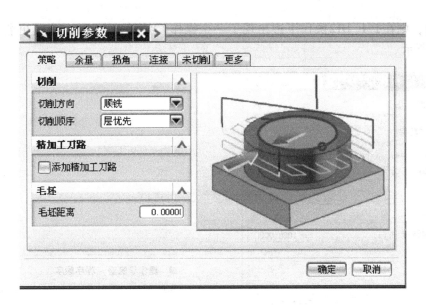

图 3-25 【切削参数】对话框

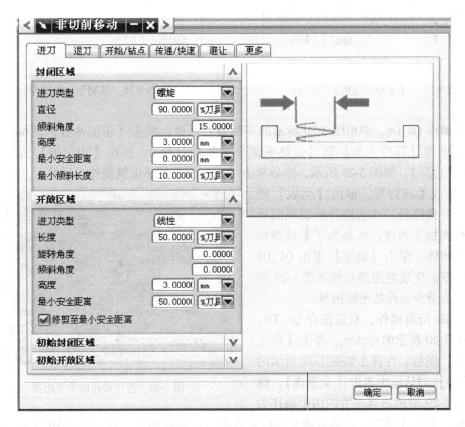

图 3-26 【非切削移动】对话框

1）复制、粘贴平面铣操作。将操作导航器的视图切换为程序视图，右键单击刚建立的平面铣操作 PM_D12，在弹出菜单里选择【复制】，再右键单击 PM_D12，在弹出菜单里选择【粘贴】，则在 PM _D12 操作下边出现了一个操作 PM_D12_COPY，将其更名为 QJ_D8，如图 3-28 所示。

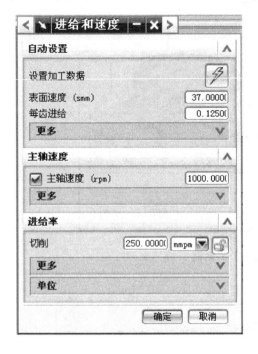

图 3-27 【进给和速度】对话框

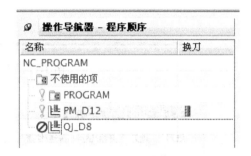

图 3-28 复制平面铣操作

双击操作 QJ_D8，弹出图 3-20 所示的平面铣对话框，单击【切削参数】图标，在弹出的对话框里将【部件余量】和【最终底面余量】均改为 0，并在【未切削】选项里勾选【自动保存边界】，如图 3-29 所示，然后单击【确定】返回平面铣操作对话框。

2）生成毛坯边界。单击【生成】图标，产生刀具路径，在这里产生刀轨的目的不是得到加工程序，而是为了生成清角的边界几何体。单击【确定】退出 QJ_D8 操作对话框。生成的边界几何如图 3-29 所示，此即为清角操作的毛坯边界。

3）编辑清角操作。双击操作 QJ_D8，又弹出图 3-20 所示的对话框，单击【指定部件边界】图标，在弹出如图 3-22 所示的【编辑边界】对话框中单击【全重选】，然后选择与 3-29 所示边界相关的两个面作为

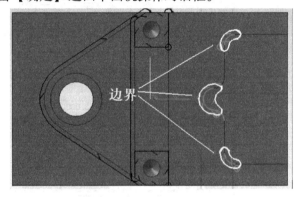

图 3-29 清角操作的毛坯边界

部件边界，单击【确定】返回到清角操作对话框，用同样的方法选择图 3-29 所示边界为毛坯边界。

刀具选择 D8，【切削参数】中的【部件余量】改为 0.3，返回到清角操作对话框后单击【生成】图标，然后单击【确定】即建立了清角操作。

8. 创建平面铣精加工操作

创建平面铣精加工操作的方法与创建平面铣粗加工操作类似，不同之处主要有：

1）在图 3-19 所示的【创建操作】对话框中：使用刀具为 D8，使用方法改为【MILL_FINISH】，换个名称（如 PM_D8）。

2）在图 3-20 所示的【PLANAR_MILL】对话框中：将【切削方式】改为【跟随部件】或【跟随周边】。

3）在图 3-25 所示的【切削参数】对话框中：将所有余量均设为 0，内外公差设为零件图样要求。

4）在图 3-24 所示的【切削深度参数】对话框中：由于粗加工时切除了绝大部分余量，此时最大切削深度可设大一些，当然也可不变。

5）在图 3-27 所示的【进给和速度】对话框中，可将主轴转速设高一些，将进给速度设低一些。

创建平面铣精加工操作可像创建平面铣粗加工操作那样一步步地创建，也可像创建清角操作那样将清角操作或粗加工操作复制后加以改动。

本例用操作更加简便的表面铣来完成最后的精加工，表面铣是一种精加工平面的方法，是平面铣的一种特例。它一般只对表面进行一层铣削，而不进行多层铣削。可直接选择表面来指定要加工的表面几何要素，也可通过选择存在的曲线、边缘或指定一系列有序点来定义表面几何要素。在表面铣中可以指定要切除的材料量，也可以指定零件与检查几何周围的材料量，以避免过切。虽然在平面铣操作中可以执行表面铣的功能，但用表面铣操作模板可大大简化操作的创建过程，并且由于表面铣一般只对表面进行一层铣削，故加工效率较高。

将操作导航器视图切换为程序顺序视图，在【加工创建】工具栏里单击【创建操作】图标，则弹出如图 3-19 所示的【创建操作】对话框，类型选择【mill_Planar】，子类型选择【FACE_MILLING】，程序选择【PROGRAM】，使用几何体选择【WORKPIECE】，使用刀具选择 D8，使用方法选择【MILL_FINISH】或【METHOD】，名称改为 FM_D8 或不改，然后单击【确定】，则弹出图 3-30 所示的【FACE_MILLING】对话框。

单击【指定面边界】图标，弹出图 3-31 所示的【指定面几何体】对话框，与平面铣不同的是，表面铣是在绘图区选择的面是要加工的表面，然后单击【确定】返回到【FACE_MILLING】对话框。

将切削方式设为【跟随部件】或【跟随贴边】，将步进设为【刀具直径】，百分比设为 50~80 均可。

如果要分层切削，需设置【毛坯距离】和【每一刀的深度】，如果是一次切削到深度，则无需设置。

单击【切削参数】图标，将所有余量均设为 0，内外公差设为零件图样要求；单击【进给和速度】图标，设置主轴转速主进给速度，其他的接受默认值即可。

单击【生成】图标 ，生成刀轨。

9. 后置处理

刀具轨迹如果无误，即可进行后置处理以生成可供数控机床加工的数控程序。后置处理可用 UG 自带的后置处理器，但最好根据机床的实际情况来设置后置处理器，本例以 UG 自

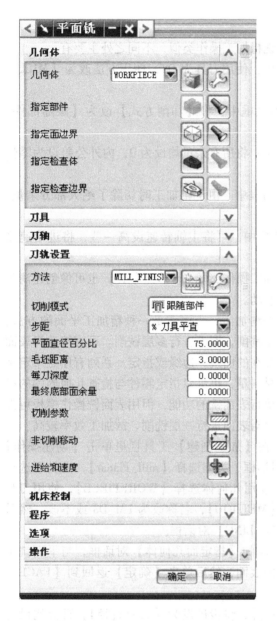

图 3-30　【FACE_MILLING】对话框　　　　　图 3-31　【指定面几何体】对话框

带的后置处理器来进行后置处理。

　　在操作导航器视图中选择要进行后置处理的操作（可借助 Shift 键或 Ctrl 键来选择多个操作），然后在【加工操作】工具栏中选择【后处理】，则弹出如图 3-32 所示的【后处理】对话框，选择适当的机床（一般选择【MILL 3 AXIS】），选择需要的单位后单击【确定】，即可生成如图 3-33 所示的数控程序，对其稍作修改即可用于数控机床加工。一般需要改动的地方主要有：删掉文件头，FANUC 系统将 G70 改成 G20 或 G21（视坐标值是英制还是公制来确定），使换刀指令生效，换刀前使主轴停转等。

图 3-32　【后处理】对话框

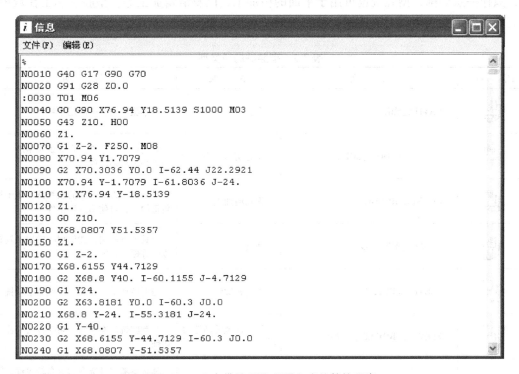

图 3-33　UG 自带的后处理器生成的数控程序

项目十三 非直壁零件的加工

一、知识学习

平面铣用于直壁的、岛屿的顶面和型腔的底面为平面的零件的加工，而非直壁零件的加工则需用型腔铣、固定轴曲面轮廓铣和可变轴曲面轮廓铣，其中可变轴曲面轮廓铣用于三轴以上的数控机床，对一般的数控机床来说，常用的是型腔铣和固定轴曲面轮廓铣。

型腔铣适用于非直壁的、岛屿的顶面和型腔的底面为平面或曲面零件的加工。在很多情形下，特别是粗加工，型腔铣可以替代平面铣。而对于模具的型腔型芯以及其他带有复杂曲面的零件的粗加工，多选用岛屿的顶平面和型腔底平面之间的切削层，在每一个切削层上，根据切削层平面与毛坯、零件几何体的交线来定义切削范围。因此，型腔铣在数控加工应用中最为广泛，可用于大部分的粗加工以及直壁或者斜度较小的侧壁的精加工。通过限定高度值，只作一层切削，型腔铣也可用于平面的精加工，以及清角加工等。型腔铣加工在数控加工应用中要占到一半以上的比例。型腔铣的子类型见表3-3。

表3-3 型腔铣的子类型

图 标	英 文	中 文	说 明
	CAVITY_MILL	型腔铣	基本型腔铣，一般用于粗铣
	ZLEVEL_PLOOW_CORE	型芯仿形等高铣	等高仿形型芯铣，自动识别型芯，切削方法为跟随零件
	CORNER_ROUGH	拐角粗加工	具有参考刀具选项的型腔铣，用于拐角粗加工，可使用过程工件
	PLUNGE_MILLING	插铣	刀具上下插削，类似型腔铣用于较软或中等硬度材料粗加工
	ZLEVEL_PROFILE	等高轮廓铣	与型腔铣基本相同，一般用于精铣
	ZLEVEL_PROFILE_STEEP	陡峭区域等高轮廓铣	与型腔铣基本相同，切削方法为往复切削
	ZLEVEL_CORNER	拐角等高轮廓铣	具有参考刀具选项的等高轮廓铣，用于拐角精加工，为固定轴轮廓铣清根操作的补充

固定轴曲面轮廓铣用于半精加工和精加工由轮廓曲线形成的区域的加工方式，刀具可沿着复杂曲面的复杂轮廓去运动，刀具始终沿一个固定矢量方向采用三轴联动的方式切削。固定轴曲面轮廓铣的子类型见表3-4。

表 3-4　固定轴曲面轮廓铣的子类型

图　标	英　文	中　文	说　明
	FIXED_COUNTOUR	固定轴曲面轮廓铣	基本固定轴曲面轮廓铣
	COUNTOUR_AREA	区域轮廓铣	与固定轴曲面轮廓铣基本相同，默认区域驱动方法
	COUNTOUR_AREA_NON_STEEP	非陡峭区域轮廓铣	默认为非陡峭约束，角度为65°的区域轮廓铣
	COUNTOUR_AREA_DIR_STEEP	陡峭区域轮廓铣	默认为陡峭约束，角度为65°的区域轮廓铣
	COUNTOUR_SURFACE_AREA	曲面区域轮廓铣	默认曲面驱动方法
	FLOWCUT_SINGLE	单路径清根铣	驱动方法为 FLOW CUT 的固定轴曲面轮廓铣，只创建单一清根路径
	FLOWCUT_MULITIPLE	多路径清根铣	驱动方法为 FLOW CUT 的固定轴曲面轮廓铣，可创建多道清根路径
	FLOWCUT_REF_TOOL	参考刀具清根铣	驱动方法为 FLOW CUT 的固定轴曲面轮廓铣，可创建多道清根路径，清根驱动方法可选择参考刀具
	FLOWCUT_SMOOTH	光顺清根铣	驱动方法为 FLOW CUT 的固定轴曲面轮廓铣，路径形式可选单一、多路和参考刀具

二、技能训练

零件如图 3-34 所示，毛坯尺寸为 $100mm \times 80mm \times 56mm$，零件上表面为曲面，型腔内壁有拔模斜度，侧面和底面均有圆角。具体的加工工艺方案见表 3-5。

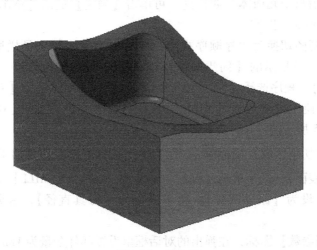

图 3-34　零件图

表 3-5　加工工艺方案

序号	方法	程序名	刀具名称	刀具直径/mm	加工余量/mm
1	型腔粗铣	CAV_D18	D18	18	1
2	型腔精铣	CAV_D16R3	D16R3	16	0
3	固定轴铣	FIX_B20	B20	20	0

1. 创建零件模型

在 UG 的建模模块里建立零件的三维实体造型或直接打开本书电子资源 UG 文件夹里的文件 3-34. prt。

2. 选择加工环境

选择【起始】|【加工】命令进入加工模块，如果该零件第一次进入加工模块，则弹出如图 3-2 所示的【加工环境】对话框，分别选择 cam_gennernal 和 mill-contour，然后单击【初始化】即进入加工模块。

3. 确定加工坐标系

确定加工坐标系的方法同平面铣操作，将加工坐标系设在预期的位置（如零件上表面中心等）。

4. 创建刀具

创建一把 φ18mm 的立铣刀（T01），一把 φ16mm（T02）的平底带 R 的立铣刀（R 值为 3mm），以及一把 φ20mm 的球头铣刀（T03），根据实际刀具的规格确定相关参数，T01 用于粗加工，T02 用于精加工型腔，T03 用于精加工上表面。

5. 创建几何体

将操作导航器视图切换为几何视图，在操作导航器里双击【WORKPIECE】，则弹出【铣削几何】对话框，单击【指定部件】的图标，选择绘图区中的零件后单击【确定】返回到【铣削几何】对话框，单击【指定毛坯】的图标，弹出图 3-18 所示的【毛坯几何体】对话框，选择【自动块】或预先在建模模块里画好的毛坯，单击【确定】返回到【铣削几何】对话框，如没有检查几何体（如夹具）可单击【确定】退出【铣削几何】对话框。

6. 创建型腔铣粗加工操作

将操作导航器视图切换为程序顺序视图，在【加工创建】工具栏里单击【创建操作】图标，则弹出如图 3-19 所示的【创建操作】对话框，类型选择【mill_contour】，子类型选择【CAVITY_MILL】，程序选择【NC_PROGRAM】，使用几何体选择【WORKPIECE】，使用刀具选择【D18】，使用方法选择【MILL_ROUGH】，名称改为 CAV_D18，然后单击【确定】，则弹出图 3-35 所示的【CAVITY_MILL】对话框。

1）选择【指定切削区域】图标，在实体上选择本次操作要加工的所有表面（型腔的所有面和零件上表面），然后单击【确定】返回到【CAVITY_MILL】对话框。

2）将切削方式设为【跟随部件】，将步进设为【刀具直径】，百分比设为 50～80 均可。

3）选择【切削参数】图标，在弹出的对话框里设置部件余量为 1mm。

4）选择【进给和速度】图标，在弹出的对话框里设置主轴转速和进给量。

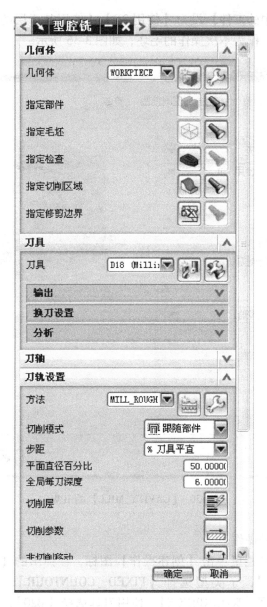

图 3-35 【CAVITY_MILL】对话框

5）设置【全局每刀深度】为 1~2mm。

6）其他选项可接受默认值。

7）单击【生成】图标 ≡，生成刀轨。

7. 创建型腔铣精加工操作

型腔铣精加工可直接由【CAVITY_MILL】创建，使用刀具为 D16R3，使用方法选择【MILL_FINISH】即可。也可由【ZLEVEL_PROFILE】创建，其操作步骤与【CAVITY_MILL】基本相同。为了提高加工效率，避免在已加工区域内空进给，精加工时可使用粗加工的 IPW（过程工件），在操作主界面里单击【切削参数】图标，在弹出窗口里选择【空间范围】菜单,将【处理中的工件】设为【使用3D】【使用基于层的】,即将上次操作加工完的半成品(过程工件)作为本次操作的毛坯,如图3-36所示。

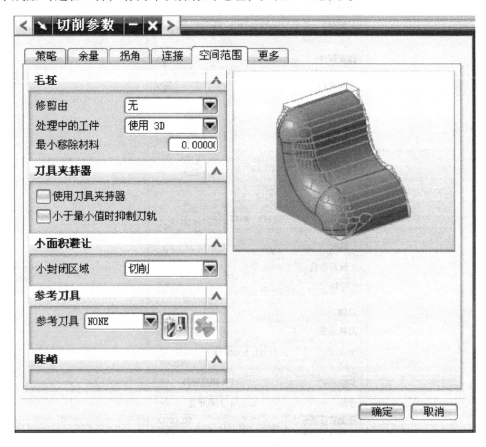

图3-36 【CAVITY_MILL】的IPW

8. 创建固定轴轮廓铣操作

在【加工创建】工具栏里单击【创建操作】图标,在弹出的【创建操作】对话框里,类型选择【mill_contour】,子类型选择【FIXED_COUNTOUR】,程序选择【NC_PRO-GRAM】,使用几何体选择【WORKPIECE】,使用刀具选择【B20】,使用方法选择【MILL_ROUGH】,名称改为CAV_D18,然后单击【确定】,则弹出图3-37所示的【FIXED_COUN-TOUR】对话框。

1)【指定切削区域】为零件的上表面。

2)【驱动方法】为【区域铣削】,在弹出图3-38所示的【区域铣削驱动方法】对话框里:【切削模式】为【跟随周边】,【步距】为【刀具直径】,【平面直径百分比】为10% ~ 30%。

3)设定【切削参数】。

4)设定【进给和速度】。

5)生成刀轨。

9. 后置处理,生成数控加工程序。

图 3-37 【FIXED_COUNTOUR】对话框

图 3-38 【区域铣削驱动方法】对话框

项目十四　点位加工和孔加工

一、知识学习

点位加工包括钻孔、镗孔、扩孔、沉孔、铰孔等。NX6.0 版本中加工应用可以为各种点位加工操作创建刀具路径。点位加工的刀具运动由 3 部位组成：刀具首先快速定位在加工位置上，然后切入零件，完成切削后再退回。自 NX4.0 版本起增加了基于知识工程加工应用—孔加工（Hole Making），它是一种高级加工应用。通过包含加工特征和基于 NX 的特征智能模型和内嵌的规则可以自动产生操作。

二、技能训练

下面以加工图 3-39 所示零件的 4 个 φ10mm 孔为例来介绍创建点位加工操作的方法、步骤和参数设置。

1. 创建零件模型

在 UG 的建模模块里建立零件的三维实体造型或直接打开本书电子资源 UG 文件夹里的文件 3-39. prt。

2. 选择加工环境

选择【起始】│【加工】命令进入加工模块，如果该零件第一次进入加工模块，则弹出如图 3-2 所示的【加工环境】对话框，分别选择 cam_genernal 和 drill，然后单击【初始化】即进入加工模块。

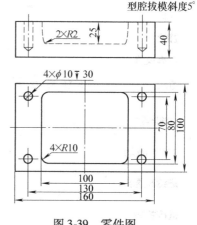

图 3-39　零件图

3. 确定加工坐标系

确定加工坐标系的方法同平面铣操作，将加工坐标系设在预期的位置（如零件上表面中心等）。

4. 创建刀具

创建一把 φ10mm 的钻头，根据实际刀具的规格确定相关参数。

5. 创建几何体

方法同其他操作，设置 WORKPIECE 几何体。

6. 创建钻孔操作

将操作导航器视图切换为程序顺序视图，在【加工创建】工具栏里单击【创建操作】图标，则弹出如图 3-40 所示的【创建操作】对话框，类型选择【drill】，子类型选择【DRILLING】，程序选择【NC_PROGRAM】，使用几何体选择【WORKPIECE】，使用刀具选择【D10】，使用方法选择【DRILL_METHOD】或【METHOD】，名称改为 drill_1 或不改，然后单击【确定】，则弹出图 3-41 所示的【DRILLING】对话框。【drill】的子类型见表 3-6。

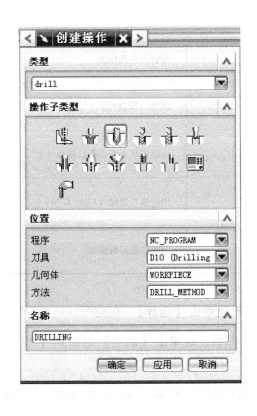

图 3-40　【创建操作】对话框　　　　　　图 3-41　【DRILLING】对话框

表 3-6　【drill】的子类型

图　标	英　文	中　文	说　明
	SPOT_FACING	扎孔	用铣刀在零件的表面上扎孔
	SPOT_DRILLING	中心钻	用中心钻钻出定位孔
	DRILLING	钻孔	普通的钻孔（G81 或 G82）

（续）

图　标	英　文	中　文	说　明
	PECK_DRILLING	啄钻	深孔钻（G83）
	BREAKCHIP_DRILLING	断屑钻	将铁屑裂呈碎片的钻孔（G73）
	BORING	镗孔	用镗刀将孔镗大（G76）
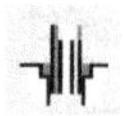	REAMING	铰孔	用铰刀将孔铰大
	COUNTERBORING	沉孔	沉孔（即锪孔）
	COUNTERSINKING	沉孔	钻锥形沉头孔，孔口倒角
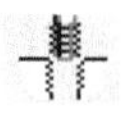	TAPPING	攻螺纹	用丝锥攻螺纹（G84，G74）
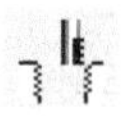	THREAD_MILLING	铣螺纹	用螺纹铣刀铣螺纹

1）选择【指定孔】图标  ，在弹出的对话框里单击【选择】，在绘图区选择要加工的孔（本例可选择【面上所有孔】，然后选择面），然后连续单击【确定】返回到【DRILL-ING】对话框。

2）选择【指定部件表面】图标  ，在绘图区选择上表面，然后单击【确定】返回到【DRILLING】对话框。

3）选择【指定底面】图标  ，设定孔底面，如果不指定底面，系统自动取孔的最低面为孔底面。

4）指定【循环类型】为【标准钻】，在弹出如图3-42所示的【指定参数组】对话框里单击【确定】，则弹出如图3-43所示的【Cycle 参数】对话框，单击【Dwell-关】，在弹出的对话框里选择【秒】，在弹出的对话框里输入0.5，即设置在孔底停留0.5s，然后连续单击【确定】返回到【DRILLING】对话框。

5）设置【避让】、【进给率】、【机床】等选项。

6）单击【生成】图标  ，生成刀轨。

7. 后置处理，生成数控加工程序。

图 3-42　【指定参数组】对话框

图 3-43　【Cycle 参数】对话框

习　题

1. 创建程序组练习：本书电子资源 UG\XiTi 目录下文件 3-1. prt。

2. 创建刀具练习：本书电子资源 UG\XiTi 目录下文件 3-2. prt。

3. 创建方法练习：本书电子资源 UG\XiTi 目录下文件 3-3. prt。

4. 创建坐标系练习：本书电子资源 UG\XiTi 目录下文件 3-4. prt。

5. 创建几何体练习：本书电子资源 UG\XiTi 目录下文件 3-5-1. prt 和 3-5-2. prt。

6. 平面铣练习：

1）创建操作练习：本书电子资源 UG\XiTi 目录下文件 3-6-1. prt。

2）进退刀练习：本书电子资源 UG\XiTi 目录下文件 3-6-2-1 ~ 9. prt。

3）切削参数练习：本书电子资源 UG\XiTi 目录下文件 3-6-3-1 ~ 6. prt。

4）加工余量练习：本书电子资源 UG\XiTi 目录下文件 3-6-4-1 ~ 3. prt。

5）切削深度练习：本书电子资源 UG\XiTi 目录下文件 3-6-3-1 ~ 5. prt。

6）避让练习：本书电子资源 UG\XiTi 目录下文件 3-6-6-1 ~ 5. prt。

7）进给和速度练习：本书电子资源 UG\XiTi 目录下文件 3-6-7. prt。

8）拐角控制练习：本书电子资源 UG\XiTi 目录下文件 3-6-8-1 ~ 4. prt。

9）刀轨控制练习：本书电子资源 UG\XiTi 目录下文件 3-6-9-1 ~ 5. prt。

10）机床选项练习：本书电子资源 UG\XiTi 目录下文件 3-6-10-1 ~ 5. prt。

11）刀轨输出练习：本书电子资源 UG\XiTi 目录下文件 3-6-11. prt。

12）车间文档练习：本书电子资源 UG\XiTi 目录下文件 3-6-12. prt。

13）后处理练习：本书电子资源 UG\XiTi 目录下文件 3-6-13. prt。

7. 平面铣综合练习：本书电子资源 UG\XiTi 目录下文件 3-7. prt。

8. 平面铣综合练习：零件如图 3-44 所示，毛坯尺寸为 160mm×118mm×38mm，毛坯表面已加工到尺寸。

9. 平面铣综合练习：本书电子资源 UG\XiTi 目录下文件 3-9. prt。

10. 型腔铣综合练习：本书电子资源 UG\XiTi 目录下文件 3-10. prt。

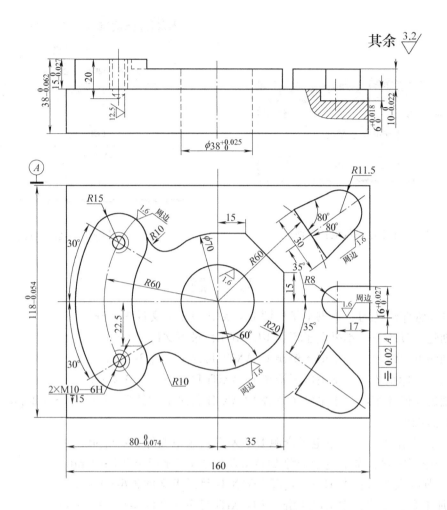

图 3-44　题 8 零件图

11. 型腔铣综合练习：本书电子资源 UG\XiTi 目录下文件 3-11. prt。

12. 型腔铣综合练习：本书电子资源 UG\XiTi 目录下文件 3-12. prt。

13. 型腔铣综合练习：本书电子资源 UG\XiTi 目录下文件 3-13. prt。

14. 固定轴曲面轮廓铣练习：本书电子资源 UG\XiTi 目录下文件 3-14. prt。

15. 固定轴曲面轮廓铣练习：本书电子资源 UG\XiTi 目录下文件 3-15. prt。

16. 固定轴曲面轮廓铣练习：本书电子资源 UG\XiTi 目录下文件 3-16. prt。

17. 平面铣及孔加工练习：本书电子资源 UG\XiTi 目录下文件 3-17. prt。

18. 曲面加工及孔加工练习：本书电子资源 UG\XiTi 目录下文件 3-18. prt。

19. UG 加工综合练习：本书电子资源 UG\XiTi 目录下文件 3-19. prt。

20. UG 加工综合练习：零件如图 3-45 所示，毛坯尺寸为 240mm × 180mm × 100mm。

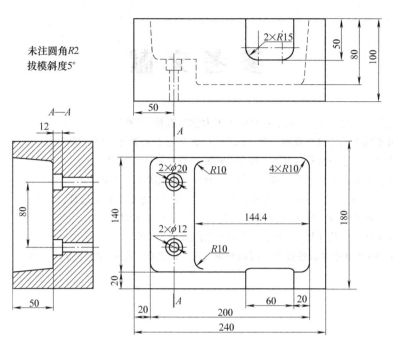

未注圆角R2
拔模斜度5°

图 3-45 题 20 零件图

参 考 文 献

[1] 庞浩. 数控加工工艺 [M]. 北京：北京理工大学出版社，2007.

[2] 罗春华. 数控加工工艺简明教程 [M]. 北京：北京理工大学出版社，2007.

[3] 丛娟. 数控加工工艺与编程 [M]. 北京：机械工业出版社，2007.

[4] 彼得·施密德. 数控编程手册 [M]. 北京：化学工业出版社，2005.

[5] 零点工作室. UG NX4.0 数控加工实例教程 [M]. 北京：电子工业出版社，2007.

[6] 朱明松. 数控铣床编程与操作项目教程 [M]. 北京：机械工业出版社，2008.

[7] 徐宏海. 数控加工工艺 [M]. 北京：化学工业出版社，2005.

[8] 肖世宏. UG NX 4.0 中文版数控加工习题精解 [M]. 北京：人民邮电出版社，2007.